안전 의식 혁명

안전불감증이 없어지지 않는 이유

안전 의식 혁명

안전불감증이 없어지지 않는 이유

하가 시게루 지음 | 조병탁, 이면헌 옮김

인재NO

추천사

안전에 대한 책은 많지만, 실제 상황에서 데이터를 기반으로 안전과 인간의 본성을 다루는 책은 드물다. 이 책은 안전 의식, 사고 방지, 리스크 관리에 대한 핵심을 짚은 통찰과, 안전을 위해 지금 당장 변화하라는 메시지를 담았다. 미래를 위한 안전 혁신의 기회가 바로 여기에 있다.

—이삼걸, 전 행정안전부 차관

훌륭한 안전 관리 시스템을 갖추고 있더라도, 관리자든 실무자든 임직원들이 이를 지나치게 믿고 방심한다면 결국 사고가 나게 된다. 안전을 습관화하여 기업의 문화로 자리 잡게 함으로써 안전 관리의 효율을 높이려면, 먼저 어디서 사고가 생기는지, 왜 생기는지에 대해 제대로 알리고 교육해야 한다. 안전 의식은 사고를 예방하기 위한 안전 관리 매뉴얼만큼이나 중요하다. 이 책은 현장 근로자들의 안전 의식을 일깨워주기 위한 중요한 교본이다.

—조지현, 삼성전자 상생협력센터 상무

규정을 지키는 것이 가장 중요함에도 왜 사람들은 규정을 지키지 않을까? 규정을 모르거나, 알더라도 이해하지 못했거나, 규정을 왜 지켜야 하는지 납득하지 못하거나, 아무도 지키지 않거나, 지키지 않아도 처벌받지 않는 경우 사고는 쉽게 일어난다.

우리는 연일 사고로 장식되는 뉴스를 안타깝게 바라보고만 있어야 할까? 비단 생활에서뿐만 아니라, 작업 현장에서도 안전사고에 대한 대책이 필요하다. 우리는 어떻게 달라져야 하는가? 안전이 중요하다는 것은 누구나 안다. 하지만 사고는 누구나 일으킬 수 있다. 이 책에서 그 문제를 해결하기 위한 열쇠를 찾을 수 있다.

—김상도, 한국서부발전 재난안전실 처장

지금은 안전 관리에 온 국민의 관심이 모이고 있는 시점이다. 특히 기업에서는 안전 관리에 대한 근로자와 국민 들의 불안이 커지지 않도록 예방 활동에 적극 앞장서야 한다.

이 책은 완벽해 보이는 사고 방지 시스템이 있는데도 왜 사고가 없어지지 않는지를 가르쳐준다. 사고 발생 리스크 외에도 사람이 방심하여 사고를 일으킬 리스크까지도 예상해야 한다는 것이다. 산업 부문별, 각 현장별로 사고 방지 매뉴얼은 다르겠지만, 이 책을 통해 저자가 말하는 리스크 관리에 대해서는 현장 실무자뿐만 아니라 모든 임직원이 반드시 유념해야 할 것이다.

−최재천, 현대미포조선 안전시설지원담당 상무

안전을 위한 시스템만으로는 사고를 막을 수 없다. 사람은 안전을 담보로 이익을 높이려 하기 때문이다. 이 책에서 설명하는 '리스크 항상성 이론'을 알면 실제로 안전성을 높일 수 있다. 안전 전문가인 저자는 일본에서 일어난 3·11 대지진 당시의 사고들뿐만 아니라, 사람들이 일상적으로 마주칠 수 있는 안전과 리스크에 대한 자세한 데이터와 연구 결과를 이 책에 담았다. 안전에 대한 경종이 절실하게 필요한 지금, 바로 우리에게 필요한 책이다.

−박인열, 두산인프라코어 엔진BG 상무

머리말

안전·안심에 대한 사람들의 관심은 매년 커지고 있다. 내 아내는 수입품보다 5배나 비싼 국내산 마늘을 '맛있다'는 이유가 아니라 '안전하다'는 이유로 사온다. 수입 마늘을 먹고 병에 걸린 사람이 있는지 어떤지는 알 수 없지만, 안전·안심이 브랜드 가치를 높여 상품의 부가가치를 높이고 있는 것은 틀림없다.

사고나 안전상의 문제는 크게 보도되어 사회의 관심을 불러일으킨다. 철도, 항공, 버스, 의료, 원자력, 엘리베이터, 물이 흐르는 수영장(워터파크), 롤러코스터, 온천 시설 등에서 일어난 사고 관련 소식을 흔히 들으니 말이다. 사고가 일어날 때마다 책임자는 사과를 하고, 피해자로부터 비난을 받고, 매스컴과 여론으로부터 질타를 받으며, 국가로부터는 처벌을 받는다. 대책이 마련되고, 규제가 강화되며, 벌칙이 엄해지고, 긴급 점검이 실시되며, 매뉴얼이 보강되고, 재발 방지를 위해 막대한 자금이 투입된다.

그러나 한편에서는 자전거·오토바이를 헬멧도 제대로 쓰지 않고 타는 사람들이나, 두세 사람씩 무리하게 타고 가는 경우, 때로는 이런 위험천만한 일을 한꺼번에 비오는 날 우산까지 쓰고서 하는 사람들을 쉽게 볼 수 있다. 횡단보도에서는 빨간불이 켜져 있는데도 함부로 건너고, 차단기가 올라가지 않은 철도 건널목에서 아슬아슬하게 차단기를 빠져나가는 사람들도 있다.

어린이용 카시트 이용률은 40%대라는 낮은 수준이다(한국). 택시나 고속버스를 탔을 때 안전벨트를 매려고 하면 걸쇠가 보이지 않는다. 지하철에서는 역무원이나 승무원이 방송으로 "위험하니 하지 마세요!"라고 매일같이 안내하고 있는데도 문이 닫히는 순간 뛰어들어 타는 사람들은 없어지지 않는다. 그래서 매일 사고가 일어난다.

미국산 소고기를 먹고 크로이츠펠트-야콥병(Creutzfeldt-Jakob disease, 일명 광우병)에 걸릴 리스크를 피하려는 사람이, 밤에 라이트 없이 자전거를 타고 달리다 자동차에 부딪칠 리스크는 왜 감수할까? 아주 미량이라도 방사능이 검출된 식품은 먹지 않는 사람이, 암에 걸릴 리스크가 그보다 훨씬 높은 담배를 끊으려고 하지 않는 이유는 무엇일까?

좁고 구불구불하게 휘어져 앞을 확인하기 힘든 도로는 위험하다. 이 도로를 곧고 넓은 도로로 개량하면 과연 안전해질까?

그곳을 지나가는 운전자가 이전과 같이 천천히 달리고, 이전과 같이 조심성 있게 운전을 한다면 사고는 확실하게 줄어들지 모른다. 그러나 그런 운전자는 아마 없을 것이다. 사람들은 곧고 넓은 도로에서는 속도를 올리고 주의력은 떨어지게 된다. 그렇게 되면 과연 사고는 늘어날까? 아니면 이전과 변화가 없을까? 도로를 개량하는 것은 안전 대책으로서 효과가 없는 것일까?

결론부터 먼저 말하면 안전 대책이 어떠한 성과를 올릴 것인지 또는 올리지 못할 것인지를 결정하는 것은, 그 안전 대책으로 인해 인간의 행동이 어떻게 변화하는지에 달려 있다. 이것은 공학의 문제가 아니라 심리학의 문제인 것이다.

이 책은 인간의 심리를 생각하지 않은 안전 대책이나 안전 시책으로는 사고 리스크를 줄일 수 없다는 것을 심리학적으로 설명한다. 그리고 어떻게 하면 안전·안심이 실현되는지, 우리들이 해야 할 행동은 무엇인지에 대해 현대 사회에 존재하는 여러 가지 리스크를 예로 들어가면서 설명하려고 한다.

Contents

제1장

"안심해! 안심해!"라는 말의 함정

난폭 운전의 원인이 자동차의 안전장치라고?

멋을 낸 백인 커플이 번쩍번쩍한 고급차에 타고 있다. 조수석의
여성이 묻는다. "약속 시간에 맞출 수 있을까?" 운전석의 남성이
대답한다. "맡겨둬." 야간에 도로에서 차선 변경을 반복하면서 상
당히 빠르게 달리는 자동차. 두 사람은 여유롭게 수다까지 떨고
있다. 그러다 갑자기 앞에서 달리는 자동차가 급브레이크를 밟아
서 바로 그 차의 꽁무니에 들이받을 위기가 닥쳐온다. 갑자기 "삐
삐 삐—"하며 충돌 방지장치가 경보를 울린다. 놀란 운전자는 핸
들을 급히 돌려서 피하고, 결국 목적지에 무사히 도착한다. 그러

고는 아무 일도 없었다는 듯 자동차에서 당당하게 내려 목적지의 레스토랑으로 들어가는 남녀. 안전성을 판매 전략으로 홍보하는 북유럽 자동차의 로고가 서서히 확대되면서 다가온다.

이런 이야기의 광고는 TV에서 자주 볼 수 있다. 자동차 회사는 그렇게 의도하지 않았겠지만, 이러한 광고는 안전장치가 위험한 행동을 조장하는 전형적인 가능성을 잘 묘사하고 있다.

자동차 업계에서는 현재 '패시브 세이프티(passive safety, 사고 발생 시 탑승자의 피해를 최소한으로 줄여주기 위한 안전 대책)'에서 '액티브 세이프티(active safety, 사고를 미리 예방하기 위한 안전 대책)로 안전기술 개발의 중심이 이동하고 있다. '패시브 세이프티'란 안전벨트, 에어백, 측면으로부터의 충격에 견딜 수 있도록 보강된 도어, 탑승자를 보호하기 위하여 충돌 시에 부서지면서 충격을 흡수하는 구조의 엔진룸 등 사고의 피해를 최소화하려는 연구다.

이에 비해 '액티브 세이프티'는 사고를 예방하기 위한 시스템으로, 사전에 설정한 차간 거리를 유지하여 자동적으로 가속·감속을 해주는 차간 '자동 제어 시스템(ACC, adaptive cruise control)', 차선에서 벗어나려고 하면 경보를 울려 알리는 '차선 이탈 경고 시스템(lane departure warning)', 급브레이크를 밟을 때 제동력을 보조해주는 '충돌 피해 경감 제동 장치(pre-crash brake assist)',

어두운 야간 도로에서 적외선 투시장치의 영상을 화면으로 보여주는 '나이트 비전[night vision, 나이트 뷰(night view)라고도 함]' 등을 들 수 있다.

최근에는 자동차가 부딪치려는 순간 자동적으로 브레이크가 작동하여 멈추게 하는 시스템도 나왔다. 특히 졸음 운전에 대비하기 위해 자동차 회사마다 운전자의 졸음 상태를 검사해주는 다양한 시스템을 개발하고 있다.

그렇다면 과연 이러한 안전장치는 실제로 교통사고를 줄이는 효과가 있을까? 이미 많은 자동차에 장착되어 있지만, 급브레이크를 밟아도 자동차 바퀴가 잠기지 않으면서 핸들이 원하는 대로 잘 움직이도록 해주는 ABS(anti-lock brake system)나, 급하게 핸들을 꺾어도 차체의 안정성을 유지해주는 ESC(electronic stability control)도 '액티브 세이프티'의 일종이라고 할 수 있다.

ABS가 실제로 운전자 행동에 어떠한 영향을 미치는가를 상세하게 조사한 과학적 연구가 1980년대에 독일에서 이루어졌다. 그 내용은 제3장에서 다시 소개하겠지만, 결과는 상당히 비관적이었음을 말해둔다.

안전 장비를 갖추고 등산하면 더 위험해진다고?

등산·산악 관련 잡지 기자가, 휴먼에러(human error) 방지의 관점에서 조난이나 낙상 사고의 예방 대책에 대해 취재하러 온 적이 있다. 그때 기자로부터 흥미로운 이야기를 들었다.

기자 자신도 산 사나이로서 눈 덮인 산을 오르는 등산가나 스키어, 구조대원, 산악 가이드들에게 눈사태에 관한 정확한 지식과 관리기술에 대해서 계몽하기 위한 NPO 법인에 소속되어 활동하고 있다고 했다. 그 NPO 법인은 눈사태에 휩쓸린 사람이 묻힌 곳을 알아내는 비컨(beacon, 위치를 알려주는 무선 신호 장치)의 보급에 힘을 쏟고 있다.

눈 속에 묻혀 있는 사람을 찾아내는 것은 쉽지 않다. 닥치는 대로 눈을 파헤치는 가운데 시간은 점점 지나가 결국 구제할 수 있는 사람마저 구하지 못한 경우도 많을 것이다. 눈 덮인 산을 오르는 사람이 각자 비컨을 가지고 있어서 자기 위치를 알려주는 전파를 보낼 수 있다면 눈에 파묻힌 사람도 쉽게 찾아낼 수 있다. 산악용 비컨은 스위치 작동 한 번으로 수신기로도 사용할 수 있기 때문에, 극히 작은 조각의 일부라도 눈사태에 휩쓸리지 않고 남아 있다면 즉각 수색 활동을 개시할 수 있다.

그런데 이 비컨이 보급됨으로써, 이전에는 위험하기 때문에 누구도 접근하지 않았던 장소에 등산가가 들어가 눈사태를 만나는 경우가 늘어났다고 한다. 그러니까 조난 사고가 줄어들기는커녕, 구조 활동은 더욱 어려워지면서 구조하러 간 사람마저 조난을 당할 위험이 높은 장소로 조난자를 구하러 들어가지 않으면 안 되는 경우가 늘어나게 되었다. 비컨의 보급이 바로 그 원인이 되고 있다고 한다.

등산·산악 관련 어느 국제회의에서 기자가 이 이야기를 하니, 미국 사람들도 유럽 사람들도 "우리에게도 완전히 똑같은 사고가 일어나고 있어요"라며 탄식했다고 한다.

예전에는 주로 남자들이 산에 올랐지만, 최근에는 여성 등산가나 노인 등산가도 많이 늘어나고 있다. 가이드나 등반자 숙소(산장), 등산로 정비 덕에 여성이나 노인도 안심하고 산에 오를 수 있게 되었기 때문일 것이다. 그러나 그 때문에 예전에는 여성이나 노인이 가지 않던 산에서의 조난 사고마저 늘어나는 것이 현실이다.

오스트레일리아에 있는 세계 최대의 바위 울루루 산[Uluru, 영어로 에어즈 록(Ayers Rock), 하나로 된 바위로 높이가 335m]의 등산로 입구에는 안전한 등산 루트를 표시한 안내판이 있다. 위험한 등산 루트에는 사망 사고가 있었던 현장을 십자가로 표시하여 등산하는 사람들에게 경고한다. 그러나 등산을 하는 사람들 중 상당수가 위험한 루트 쪽을 선택하고, 그 십자가 앞에서 기념사진까지 찍는 일이 벌어졌다. 그래서 결국 십자가를 철거했다고 한다.[1]

"거기에 산이 있으니까 오른다"라고 유명한 영국 등산가 조지 멜로리는 말했다. 또 다른 한편 "산은 위험하기 때문에 더욱 오르는 보람이 있다"라고 하는 것도 일부 또는 많은 등산가의 진실인 것 같다.

타르를 줄인 담배 때문에 암 환자가 늘었다고?

일본인의 사망 원인 중에서 가장 많은 것은 암(악성 종양, 악성 신생물)이지만, 암 중에서도 가장 많은 것이 폐암이다. 게다가 폐암으로 사망하는 사람의 수는 매년 늘어나고 있으며, 50년 전에 비해 무려 10배에 달한다. 일본인의 흡연율이 매년 낮아지는 것을 고려하면 정말 이상한 일이다. 담배를 피우는 사람들은 "담배와 폐암은 상관 없나보네?"라며 안심할지도 모른다.

그러나 안심하기는 이르다. 아니, 이미 늦었다고 말해야 할지도 모른다. 왜냐하면 개인이 일생 동안 피운 담배의 누적 개피 수에 비례해서 폐암 사망자 수가 증가한다는, 일본인을 대상으로 한 역학적 연구 데이터가 존재하기 때문이다.[2] 결국 젊은 시절부터 담배를 계속 피우고 있는 사람, 또는 담배를 피우다 금연했지만 그때까지 상당히 많은 양의 담배를 피운 사람은 폐암에 걸릴 리스크가 높다는 것이다.

지금까지 연령별 흡연율의 추이에서 일본인의 생애 흡연량은 향후 20년간 지속적으로 증가할 것으로 예상되기 때문에, 이후에도 얼마 동안은 일본의 폐암 사망자 수는 계속 증가할 것이다. 예전부터 성인 남성의 흡연율이 70퍼센트 이상이던 애연가 천국인 일본은 지금부터 그 대가를 지불해야 할 것 같다.

미국과 유럽 등지에서는 1920년 이후에 태어난 남성들이 폐선암(肺腺癌, 폐암의 일종)에 많이 걸렸다. 그 요인으로 1960년경부터 널리 알려진 저타르(低-tar) 담배의 영향을 지적하는 연구자가 있다. 니코틴 함유량도 낮은 저타르 담배로 바꾼 애연가는 니코틴 흡입량을 확보하기 위해 무의식적으로 연기를 깊이 들이마시기도 하고, 담배를 피우는 간격이 짧아지기도 해서 담배 연기를 폐에 오래 간직하기 때문인 것으로 보인다. 결국 다량의 타르와 기타 발암물질을 폐 속에 집어넣어 폐선암에 걸릴 위험을 높인다. '저타르, 저니코틴'을 내세워 홍보하고 있는 순한 담배는 사실 괴

물인 것이다.[3]

예를 들면 일본 담배인 세븐스타, 마일드세븐, 마일드세븐 수퍼라이트를 한 개피 피웠을 때 몸속에 흡수된 타르 양은 각각 16.3mg, 11.8mg, 5.24mg이고, 니코틴 양은 1.44mg, 0.958mg, 0.438mg이다. 이러한 측정치는 캐나다 보건성에서 사용하고 있는 '표준적 연소 조건'에서 주류 연기(필터를 통해서 흡연자가 흡입한 연기) 성분을 분석한 결과이다(표 1-1, 표 1-2).

표 1-1. 담배의 두 가지 연소 조건

구분	표준적	평균적
흡연량	35mℓ	45mℓ
간격	60초	30초
흡연 시간	2초	2초
통풍구멍	개방	절반 폐쇄

출처: 일본 후생노동성, 1999~2000년도 담배 연기 성분 분석에 대해(개요), 참고 문헌 4 참조

표 1-2. 담배 연기 중의 유해 물질 함량

연소 조건	담배 종류	타르 평균 (1개피당 mg)	니코틴 평균 (1개피당 mg)
표준적	세븐스타	16.3	1.44
	마일드세븐	11.8	0.958
	마일드세븐·수퍼라이트	5.24	0.438
평균적	세븐스타	31.4	2.66
	마일드세븐	25.1	1.97
	마일드세븐·수퍼라이트	15.9	1.16

출처: 후생노동성, 1999~2000년도 담배 연기 성분 분석에 대해(개요), 참고 문헌 4 참조

'표준적 연소 조건'은 60초에 1회 간격으로 2초간 흡입하고, 1회 흡입량은 35㎖, 통풍구멍은 개방한다는 조건이다. 통풍구멍이란 필터에 있는 작은 구멍으로, 순한 담배는 그 구멍으로 공기를 빨아들여 연기를 옅게 희석시키게끔 되어 있다.

통풍구멍을 막지 않도록 주의하면서 담배를 잡고 1분에 1번 정도로 여유 있게 담배를 피우는 사람은 잘 보지 못했다. 역시 이런 것은 실제로 흡연하는 방식과는 맞지 않는다고 생각했는지, 현재는 '평균적 연소 조건'이라는 것으로도 측정되고 있다.

이것은 30초에 1회 기준으로 2초 흡입하고, 1회에 흡입한 양은 45㎖, 통풍구멍은 반 정도 폐쇄하는 조건이다. 그 결과는 다시 세븐스타, 마일드세븐, 마일드세븐 수퍼라이트 순으로, 타르 양은 31.4mg, 25.1mg, 15.9mg, 니코틴 양은 2.66mg, 1.97mg, 1.16mg으로 나타났다.[4]

확실히 동일한 조건으로 측정하면 순한 담배일수록 타르와 니코틴도 적어지지만, 흡연 방식에 따라서 커다란 차이가 나타난다는 것을 확인할 수 있었을 것이다. 같은 마일드세븐 수퍼라이트일지라도 '평균적' 흡연 방식을 따랐을 때에는 '표준적' 흡연 방식을 따랐을 때보다 타르 양도, 니코틴 양도 3배에 가깝다. 또 '평균적' 흡연 방식으로 피웠을 때 마일드세븐은 타르 양도, 니코틴 양도

'표준적' 흡연 방식으로 피웠을 때의 세븐스타보다도 많다. 아울러 '평균적' 흡연 방식으로 피웠을 때의 마일드세븐 수퍼라이트는 타르 양도, 니코틴 양도 '표준적' 흡연 방식 대로 피웠을 때의 마일드세븐보다도 많다는 것이다. '평균 이상'의 흡연 방식으로 피우면 확실히 세븐스타를 능가할 것이다.

저타르 담배는 폐암에 걸릴 리스크를 낮추는가?

폐암의 원인은 담배뿐만이 아니다. 담배를 피우다 끊었거나 처음부터 담배를 피우지 않았어도 폐암에 걸릴 리스크가 전혀 없는 것은 아니다. 그러나 담배를 피우면 폐암에 걸릴 리스크가 높아지는 것은 확실하다. 그래서 많은 흡연자는 그것을 인정하고 있다. 스트레스 해소 등의 효용성을 느끼고 있기 때문에 리스크를 받아들이는 것이다.

담배를 끊고 싶지 않지만 암에 걸릴 리스크는 가능한 줄이고 싶은 애연가가 담배를 순한 것으로 바꾸었을 때 어떤 일이 일어날까? 상품이 보여주는 만큼(혹은 소비자가 믿고 있는 만큼) 발암물질이 적지 않고, 부족한 니코틴을 채우기 위해 더 자주 피우고 깊게 흡입한다면 오히려 많은 발암물질을 마시게 된다. 또한 하루에 피우는 담배 개피 수가 증가한다면 리스크는 점점 높아진다.

다른 문제도 있다. '담배를 끊어야 한다'고 생각하던 애연가가 피우던 담배를 저타르 담배로 바꾸는 것만으로 '이제 담배를 끊지 않아도 된다'고 생각할 가능성이 있다. 사실 이 가능성은 매우 높다고 나는 생각한다.

담배회사가 저타르 담배를 판매하기 때문에, 강한 담배만 판매했다면 실현되었을 흡연율 감소를 저해하고 있는 것은 아닐까?

세계 최고의 방파제가
세계 최악의 참사를 일으켰다고?

2011년 3월 11일 동일본 대지진 때의 해일로 2만 명이나 되는 인명을 잃어버렸다. 그중에는 해일을 미처 피하지 못한 사람이나 피난 장소에 해일이 덮쳐 희생된 사람도 많았다. 하지만 대부분의 사람들은 '여기까지는 해일이 오지 않을 것'이라고 생각하고 피하지 않았기 때문에 목숨을 잃었다. 주민들이 잘못된 판단을 하게 한 원인 중 하나는 훌륭한 방파제·방조제의 존재였다.

예를 들면 가마이시 만에는 기네스북이 선정한 '세계 최고'의 항만 방파제가 있었다(그림 1-1). 이 방파제는 2009년에 완성되었으며, 가장 깊은 곳인 63m의 해저에 도쿄 돔(도쿄에 있는 야구경기장으로 수용인원은 5만 5,000명, 면적은 1만 3,000㎡)의 7배에 달하는 콘크리트 덩어리 700만 ㎡를 가라앉히고, 그 위에 두께 20m짜리 철근콘크리트 벽을 바다 위에서 8m까지 높이로 우뚝 세웠다. 그러나 3월 11일의 대해일은 이 방파제를 거대한 힘으로 파괴하고 1,000명 이상의 희생자를 냈다.

이와테 현 미야코 시 다로 지구에는 높이 10m, 총연장 2.5km의 거대한 방조제가 있다. 주민은 이 방조제를 '만리상성'이라고 불렀다. 방조제는 X자 형태를 하고 있으며(그림 1-2), 바다가 X자

그림 1-1. 가마이시 항만 입구 방파제의 구조

출처: 가마이시 항만사무소

오른쪽, 마을 중심부는 X자 왼쪽에 있었다. 마을은 이러한 이중 방조제의 보호를 받고 있었다. 그럼에도 불구하고 해일은 바깥쪽의 방조제를 파괴하고, 안쪽의 방조제도 넘어 마을을 덮쳤다. 이 방조제는 1960년 칠레의 지진해일을 막았지만, 3·11 대지진 때는 마을 대부분과 200명 이상의 주민이 해일에 휩쓸려버렸다.

그림 1-2. 미야코 시 다로 지구의 X자 모양의 방조제

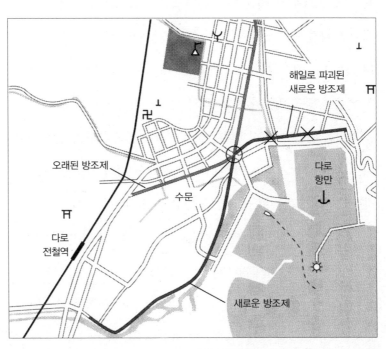

출처: 일본 국토지리원 홈페이지 전자국토 서비스

미야기 현의 센다이 근교에는 해안선과 나란히 흐르는 '데이장호리'라는 운하가 있다. 시오가마 항으로부터 아부쿠마 천의 하구까지 약 30km에 이르는 그 운하는, 에도 시대(1603~1867)의 유력자였던 다테 마사무네의 명으로 건설되었다. 그 지방에서는 해일이 와도 데이장호리에서 멈춘다고 전해지고 있어, 해저드맵(hazard map, 지진이나 화산 분화 등 재해 발생 시 긴급 대피 경로도)에도 내륙 지역은 대부분 해일 위험 지역으로 분류되어 있지 않았다. 그러나 대지진 당시 센다이 평야 내륙 깊숙이까지 해일이 밀려왔으며, 센다이 시의 와카바야시 구나 나토리 시의 하마지 구 등에서도 많은 인명을 잃었다. 이 지역의 센다이 공항 또한 수몰되었다.

"안심은 인간의 가장 거대한 적이다"라는 말은 윌리엄 셰익스피어의 희곡 〈맥베스〉에 나오는 대사다. 훌륭한 방파제가 있어서 안전하다고 안심했던 것이 해일에 대한 방심으로 이어진 것은 아닐까?

초등학생·중학생의 생존율이 99.8%라고 하는 '가마이시의 기적(3·11 당시 가마이시 지역에서는 주민 1,000여 명이 사망했지만, 반복적으로 재난 훈련을 받은 14개 초·중학생의 99.8%가 살아남은 일)'의 주역인 군마 대학의 가타타 도시타카 교수에 따르면 가마이시에서 방재 교육을 처음 시작하려고 했을 때, 그 지역 사람들로부터 "항구 방파제도 새로 건설되었으니까 일부러 와서 위험이 있다고 위협하는 것은 그만해도 되지 않을까?" 하고 이야기하는 사람들도 있었다고 한다. 또한 미야코 시의 다로 지구에서도 방조제가 생긴 뒤 피난 훈련 참가율이 현저하게 낮아졌다고 한다.

내각부와 소방청은 2010년 2월 28일에 칠레에서 대지진이 일어난 이후 아오모리 현, 이와테 현, 미야기 현 등 3개 현에 보낸 피난 지시 또는 피난 권고에서, 지시·권고 대상이 되었던 36개 시·마을의 주민 5,000명을 무작위 추출하여 3월에 긴급 설문 조사를 실시했다. 조사에 따르면 응답자 2,007명 중 "피난을 했다"고 대답한 사람은 37.5%이고, 26.3%의 응답자는 "피난의 필요성은 알았지만 피난하지 않았다", 31.0%는 "피난해야 한다고 생각하지 않았다"고 대답했다(그림 1-3).

그림 1-3. 해일 피난에 대한 주민 설문 조사

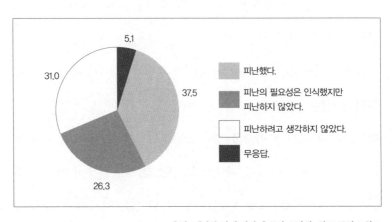

출처: 내각부 방재 담당 총무성 소방청, 참고 문헌 5 참조

"피난의 필요성은 알았지만 피난하지 않았다(26.3%)"와 "피난해야 한다고 생각하지 않았다(31.0%)"를 합해 피난하지 않았던 57.3%의 사람들에게 그 이유를 선택 문항으로 질문했더니, "고지대이기 때문에 해일에 의해 침수될 우려가 없다고 생각했다", "다른 지역에 도달한 해일의 규모가 크지 않았기 때문에 피난할 필요는 없었다", "대형 해일 경보였지만 3m보다 작은 해일밖에 오지 않을 것으로 생각했다", "있던 곳이 2층 이상의 높이라 안전하다고 생각했다"가 상위 4개 선택 항목이고, 그 외에 "근처 사람들이 피난하지 않았다", "해안에 제방이 있기 때문에 해일은 오지 않을 것으로 생각했다" 등의 항목도 10% 이상의 사람이 선택했다.[5]

설문 조사 회수율은 40%로, 이러한 종류의 방재 설문 조사에 회답하는 비율은 피난을 한 사람들 쪽이 하지 않았던 사람들보다 높다고 생각할 수 있기 때문에, 실제 피난율은 37.5%보다도 낮을 것으로 추정된다.

실제로 피난 장소로 피난한 사람의 수만을 조사한 총무성 소방청의 통계는 다음과 같다. 즉 큰 해일이 온다는 경보가 울렸던 지역 중 피난 지시나 권고를 했던 189개 시·읍·면의 대상 인구는 약 168만 명이었다. 그중 피난 장소 등으로 피난했음이 확인된 주민은 6만 3,000명, 고작 3.8%밖에 안 되었다. 와카야마 현 등에서는 대상 주민 10만 2,000명 중 0.4%, 즉 약 400명만 대피했다.[6] 와카야마 현은 이와테 현과 마찬가지로 하천에 의해 침식되어 비교적 지대가 낮은 해안 지형인 '리아스식 해안'으로, 해일의 위험성이 당연히 높은 편인데 어떻게 된 것일까?

이 칠레 지진이 있었을 때 JR(Japan Railway) 동일본 미야코 역의 모든 지역에 해일 경보가 발령되고 피난 지시가 있었다. 역무원은 매뉴얼 대로 역을 폐쇄했고 모두 고지대로 피난했다. 하지만 다른 역에서는 아무도 피난하지 않았다. 다른 지역에서도 거의 대피하지 않아, 심지어 "JR 직원은 겁이 많구먼" 하고 비웃었던 사원도 있었다고 한다.

다음 해인 2011년 3월 11일에 나왔던 대지진 경보 때, 미야코 역에서는 역 이용자와 역 앞에 있었던 사람들을 대피시켰다. 또다시 고지대의 피난 장소에 도착했을 때 마을에 대규모 해일이 덮쳐왔다. 과거의 '헛스윙' 경험에도 굴하지 않고, 솔선하여 피난시킨 행동은 훌륭했다.

T. R. 레이브와 L. B. 레이브가 1991년의 논문에서 인용한 데이터에 따르면, 미국에서 100만 명당 수해 사망자 수는 1906년에서 1915년까지 10년간 8.4명이었다. 그후 10년 간격으로 주민 100만 명당 수해 사망자 수는 다음 10년간 7.2명, 그 다음 10년간 7.5명

이었다. 1956년에서 1965년에는 예외적으로 2.9명이었지만, 그후에는 7.5명(1966~1975년), 7.1명(1976~1985년)과 같이 거의 변화가 없다. 마찬가지로 GNP(국민총생산)당 손해액도 대부분 같다.[7]

그동안 미국의 경제 규모가 발전하여 사회자본이 풍부했기에 치수 대책에도 매년 많은 예산이 지속적으로 투입되었음은 말할 것도 없다. 그렇다면 왜 치수 대책이 이토록 효과가 없었을까?

그것은 댐이나 제방을 만들어 '안전해진 지대(토지)'에 낳은 사람이 이주하거나, 또는 마을이 발전하면서 인구가 늘었기에 댐이나 제방이 한번 무너지면 인적·물적 피해가 커지게 되었기 때문이다.

확실히 셰익스피어가 말한 것처럼 "우리가 알고 있는 바와 같이, 안심은 인간의 최대의 적이다."

높은 곳보다 낮은 곳에서 더 주의하라고?

16세기에 활약한 영국인 셰익스피어를 끄집어내지 않더라도, 일본에는 훨씬 오래된 가마쿠라 막부(1185~1333) 때 집필된 《츠레즈레구사(徒然草, 상하 2권 244단으로 된 요시다 겐코 스님의 수필)》에 '유명한 나무타기'라는 일화가 있다.

이것은 겐코 스님이 나무타기 달인을 만났을 때의 이야기다. 제자가 높은 나무에 올라가 일을 하고 있는 동안에는 말없이 가만히 지켜보고만 있던 나무타기 달인이, 제자가 낮은 곳으로 내려왔을 때 처음으로 "떨어지지 않도록 조심해라!"라고 소리를 질렀다. 왜 위험한 높은 곳에 있을 때는 잠자코 있다가 낮은 곳에 있을 때 주의를 주느냐고 겐코 스님이 물었더니, 높은 곳에서는 일부러 말하지 않아도 세심하게 주의를 하지만, 낮은 곳으로 내려왔을 때는 긴장이 풀어져 떨어질 위험이 높기 때문에 주의를 주었다고 했다. 겐코 스님은 그가 과연 달인이라고 감탄했다.

어쩌면 아무것도 아닌 이야기, "방심은 금물"이라는 말로 끝날 정도의 내용일지 모르지만, '안전'과 '사고 방지'의 차이를 생각하게 하는 흥미로운 예화이다.

나무 아래는 높은 곳보다 안전하다. 그렇다고 해서 사고가 일어나지 않는 장소는 아니라는 것이다. 나무의 낮은 곳으로 이동하는 안전 대책을 세웠다고 해서 사고가 줄어드는 것은 아니다. 사고는 위험(나무의 높이)과 인간의 행동(심리적 반응 포함)의 상호작용에 의해서 일어나는 것이다.

이와 같은 일은 산을 오를 때에도 일어난다. 눈사태나 낙석과 같은 예측하지 못한 사태는 논외로 하더라도, 산을 오르다 발을 삐거나 골절을 당하는 사고가 많이 일어나는 곳은 암벽이나 돌이 많아 발을 딛기 어려운 곳이 아니라, 그런 길이 끝나고 일반적인 등산로에 들어선 뒤 많이 일어난다고 한다. 시간이 지나고 자신이 부상당한 장소를 되돌아봐도 "전혀 위험한 장소가 아닌, 일반적인 길인데?"라고 말하며 머리를 갸웃거리는 경우가 많다. 조심해야 하는 코스가 끝나 안도의 한숨을 돌리고 긴장을 푼 상태에서 한 순간의 방심으로 사고가 일어났다고 생각할 수밖에 없다.

안전 대책이 오히려 위험을 키운다고?

이것도 방심과 유사한 의미로, "안전 대책이 마치 자장가처럼 사람들을 안심시킨다. 안전 대책이 오히려 위험을 키운다"는 지적이다. 영어로 '자장가 효과(lullaby effect)'라고 한다.

산리쿠(三陸, 미야기·이와테·아노모리 등 태평양 연안의 3개 현) 지방의 훌륭한 방파제·방조제는 어쩌면 자장가 효과를 발생시켜 버린 것은 아닐까?

또한 자동차 안전기술의 진보에는 자장가 효과가 함께하는 것은 아닌가?

후쿠시마 원자력 발전소 사고 같은 것이 일어난 이유는, 실제로는 안전하지 않은 상황인데도 주민들을 안심시키는 것이 우선되었기 때문이다. 결국 자장가처럼 "안심해, 안심해" 하고 반복하는 가운데 리스크 관리를 담당하는 자신까지 잠이 들어버리고만 것이다.

제2장

훈련을 받은 사람들이 사고를 저지르는 이유

초보운전자도 조심조심 운전하면 사고를 면한다고?

내 아내는 운전이 서툴다. 인도 쪽 끝차선에 정차한 자동차가 있으면 옆차선으로 이동해 지나가지 않고, 정차하고 있는 차 뒤에 서버리고 만다. 1차선에서 좌회전 신호를 기다리는 차가 멈춰 있으면 2차선으로 이동하지 않고 또 서버린다. 눈이 나빠 밤에는 잘 보이지 않는다며 운전을 하지 않고, 비오는 날도 우산을 쓰고 자전거를 타는 사람이 위험해 보인다며 꼭 필요하지 않는 한 핸들을 잡지 않는다. 비오는 날 밤에 내가 역까지 마중나와달라고 해도 "걷는 게 귀찮으면 택시를 타고 와요" 하고 단호하게 거절한다.

이런 아내가 운전면허를 취득한 후 20년간 일으킨 사고는 대물 사고 1건뿐이다. 그렇다고 절대로 장롱면허는 아니다. 가까운 마트에 장을 보러 가거나, 문화강좌교실에 다닐 때도 자동차를 잘 활용하고 있다. 결국 서툰 사람도 서툰 대로 조심해서 운전하면 사고를 일으키지 않는다.

물론 '자동차의 흐름을 유지하는 것이 안전운전'이라고 생각하는 사람도 있는 것처럼, 자기 혼자 느릿느릿 운전을 하면 오히려 위험해질 때도 있다.

고속도로와 같은 도심의 자동차 전용도로에서는 목적지로 향하는 차선으로 이동하기 위해 고속으로 달리면서 적절한 타이밍에 차선을 몇 번 변경해야 한다. 상당한 기술이 없으면 운전하기 어렵다. 나는 도심으로 나갈 때 전철을 이용하는 편이다. 하지만 업무상 전철을 이용하지 못하는 사람도 많을 것이다. 그러므로 사고가 일어나지 않게 하려면 어느 정도의 운전 기술이 필요하다는 것은 나도 부정하지 않는다.

그러나 이러한 형태의 사고, 즉 교통 환경이 운전자의 대처 능력을 넘어버렸을 때 일어나는 사고를 방지하려면 운전자의 대처 능력을 높이기보다는 교통 환경을 개선하는 것이 더 효과적이라고 생각한다. 다시 말해 도로 설비를 개량하거나 속도를 제한하여 운전자의 부담을 낮춰주어야 한다. "교통 흐름을 타야 한다"면서 모두가 제한 속도를 넘어 고속으로 차를 운전하면 초보운전자나 어르신 운전자에게 큰 부담을 줌으로써 사고 리스크를 높인다는 사실을 인식해야 한다.

캐나다의 교통심리학자 제럴드 J. S. 와일드는 이제 막 자동차 운전면허를 딴 초보자가 도로에 나와서 운전하는 것은, 바이올린 초보자가 갑자기 오케스트라 단원과 섞여서 연주하는 것과 같다고 했다.[1] 초보자들로만 오케스트라를 만들면 그들의 수준에 맞는 느린 템포로 잘 연주할 수 있는데, 갑자기 베테랑 연주자의 템포에 맞춰 연주하게 하니 실수를 한다는 것이다. 도로에도 '초보자 차선'이 있으면 아마 사고가 줄어들지도 모른다.

초보자가 사고를 많이 내는 또 다른 이유는, 초보운전자 중에 나이 든 사람보다 젊은 사람이 많기 때문은 아닐까? 이 문제는 제4장에서 논의하기로 하자.

젊은 운전자들이 교통사고를 잘 일으킨다고?

운전면허증을 취득하려면 운전학원에서 교육을 받아야 한다. 혼자서 자동차 운전 연습을 하고 직접 운전면허 시험장에 가서 시험을 보면 대부분 합격을 시켜주지 않기 때문이다. 그러나 「도로교통법」 제99조에 따르면 지정된 학원에서 수료검정을 받은 사람은 운전면허시험장에서 기능시험을 면제받는다(한국). 그렇기 때문에 신규 보통면허 취득자 중 95%는 운전학원을 다닌 사람들이다.

이러한 훈련과 교육은 교통안전에 도움이 되고 있는가? 운전면허를 따는 데 이처럼 높은 장벽을 설치할 필요가 정말로 있을까?

외국 여러 나라에서는 운전면허 따기가 훨씬 쉽다. 나와 아내도 캐나다 유학 시절에 온타리오 주에서 운전면허를 땄다. 운전면허를 따려는 사람은 처음에 교통법규와 교통표지판 교본을 구해 공부하고, 자신이 있으면 필기시험을 치르러 간다. 필기시험이라고 해도 컴퓨터의 모니터에 뜨는 문제를 읽고 선택 문항에 답을 체크하는 것이다. 운전면허 인증기관에서 정한 성적을 받으면 가면허가 주어진다.

가면허를 받은 사람은 조수석에 면허를 갖고 있는 사람을 태우면 운전할 수 있다. 나는 이미 일본에서 운전면허를 땄기에 자동차를 운전하고 있었다. 그래서 가면허를 받은 뒤 일본에서 가져온 국제면허증으로 렌터카를 빌려 근처에 살던 헝가리 이민자 할아버지를 조수석에 동승시키고서 조금씩 도로에서 운전연습을 했다. 그리고 캐나다의 교통법규를 익혀 운전면허시험에 합격했다. 아내는 운전을 못하는지라 처음에는 내가 조수석에 타고 운전 방법을 가르쳐줬고, 다음에는 운전학교 교관으로부터 대여섯 번 정도 도로교습을 받고 나서 운전면허를 땄다.

이런 식으로 대부분의 캐나다 사람들이나 미국 사람들은 부모에게서 운전을 배워 운전면허를 취득한다. 게다가 16세에 운전면허를 취득할 수 있다.

캐나다의 퀘백 주에서는 16~17세에 운전면허증을 취득하려면 자격을 갖춘 교관으로부터 운전교습을 받아야 한다고 법률로 정해져 있다. 그러나 교통안전 대책으로 1983년에 법률이 개정되어 모든 면허취득 희망자는 면허시험을 보기 전에 운전학원을 다녀야 한다는 것이 의무화되었다. 결국 18세 이상이라도 운전학원을 다니지 않으면 안 된다. '다닌다'고 말하지만 교관이 자동차로 집까지 데리러 오고, 가까운 도로에서 연습한다.

그런데 이 퀘백 주의 교통안전 대책은 효과가 있었을까? 몬트리올 대학의 L. 포트빈 등의 조사에 따르면 18세 이상의 신규 운전자가 일으키는 사고 건수와 중대성에 아무런 변화도 나타나지 않았다. 게다가 매우 흥미로운 것은 16~17세 운전자가 일으키는 사고가 증가한 것이다.[2] 도대체 왜 이런 일이 일어났을까?

1983년 이전의 퀘백 주에서는 18세까지 기다리면 친형제로부터 운전을 배워도 운전면허를 취득할 수 있었다. 18세 이전에 운전면허를 취득하려면 비용을 지불하고 자동차 교습을 받아야 하기 때문에 운전면허가 반드시 필요하지는 않거나 특별한 욕구가 없는 젊은 사람들은 18세 생일까지 운전을 자제했다. 그러나 법이 개정되어 2년을 기다릴 의미가 없어졌다. 그래서 16~17세 면허 취득자가 증가했고, 필연적으로 사고도 증가한 것이다. 운전자가 젊을수록 교통사고가 많다는 것은 전 세계적으로 공통적인 경향이다. 그들의 보험료가 높은 것은 그 때문이다.

조금은 오래된 데이터이지만 영국에서는 면허 취득 전에 받았던 훈련의 차이에 따라서 면허 취득 후에 일어난 사고율의 차이를 비교한 연구가 1968년에 있었다. 훈련은 ① 전문 강사로부터 교습을 받은 그룹, ② 친구나 친척 등 비전문가로부터만 배운 그룹, ③ 둘을 조합한 그룹이다. 결과는 ②번 그룹에서 주행 거리당 사고율이 가장 낮았다.[3]

안전 성과 교육을 받은 고교생들이
운전면허를 땄더니!

미국 조지아 주의 디칼브 시에서는 '국가도로 교통안전국 (NHTSA, National Highway Traffic Safety Administration)'이 개발한 '안전 성과 교육 과정(Safety Performance Curriculum)'이라는, 당시에는 최첨단이던 운전 교육 프로그램의 효과를 조사하기 위한 사회적 실험이 이루어졌다.[4] 안전 성과 교육 과정은 교실에서의 강의 3시간, 시뮬레이터 훈련 16시간, 연습 코스에서의 교습 16시간, 긴급 조작 훈련 3시간, 도로상에서 교습 3시간(이 중 20분은 야간운전)으로 철저하게 구성되어 있었다.

이 실험에서 면허 취득 전의 고교생을 3개 군으로 나누었다. 1군은 안전 성과 교육 과정을 받는 조건, 2군은 운전면허 시험에 합격하기 위해 필요한 최소한의 교육·훈련을 받는 조건, 3군은 내버려둠, 즉 친형제로부터 배우거나 민간인 운전 교습을 받기도 하는 등 자유롭게 하는 식으로 당시 미국의 일반적인 면허 취득 방법을 반영했다.

3개군 사이에는 연령, 성별, 학업 성적, 부모의 수입 등이 별 차이가 없도록 배려하면서, 고교생들은 자신의 의사와는 관계없이 3개군 어딘가에 강제적으로 할당되었다. 이 연구는 4년간 계속되었으며, 그동안 1만 5,000여 명의 고교생이 실험에 참가했다.

실험 후 추적 조사를 통해 고교생들이 언제 운전면허를 취득했고, 언제 사고를 일으켰는지를 조사했다. 결과는 NHTSA 프로그램 개발자의 기대를 저버리고 1군의 사고 건수가 다른 2개 군보다 많았다. 그리고 그 차이는 통계적으로 우연이라고 말할 수 없을 정도로 차이가 컸다. 2군과 3군과 사이에 의미 있는 차이는 없었다.

훈련 덕에 익숙해지니
사고를 더 많이 저질렀어요!

추운 지방에서는 도로가 얼어붙어 많은 교통사고가 일어나고 있다. 원인은 슬립(slip, 미끄러짐)이나 스키드(skid)이다. 스키드는 차가 급정거했을 때 타이어가 도로면의 마찰력을 잃고 제어가 안 되어 자동차가 옆으로 미끄러지거나 회전하는 현상을 말한다. 나도 눈 오는 날 캐나다에서 교차점을 돌 때 스키드가 일어나 하마터면 반대 차선으로 뛰어들 뻔했던 무서운 경험이 있다. 도로 위에 얼음이 끼어서만이 아니라 비로 인해서 도로 바닥이 젖어 있는 경우에도 스키드가 일어날 수 있다.

1993년 노르웨이 일부 지역에서 트럭 운전자는 스키드 훈련을 받아야 한다는 것이 법적으로 의무화되었다. 이 지역과 노르웨이의 다른 지역을 비교한 조사 결과는, 이 법이 만들어지면서 사고가 줄어들기는커녕 오히려 사고 리스크가 증가해버리고 말았다는 것을 보여주었다.[5]

핀란드에서는 신규 면허취득자에게는 처음에 연습면허를 주고, 그 사이에 위반이나 사고가 없는 사람에 한해서 정규 운전면허를 주는 2단계 면허 제도를 취하고 있다. 그러다 연습면허 기간에 스키드 훈련을 의무적으로 받게 했다. 물론 얼어붙은 도로에서의 사고를 줄이려는 것이 목적이었지만, 결과는 실패였다. 나이가 많은 운전자들에게는 효과가 있었지만, 젊은 운전자들은 오히려 사고를 더 많이 일으켰다. 스웨덴에서도 덴마크에서도 같은 형태의 실험이 있었지만 모두 실패로 끝났다.[6]

교습을 받은 운전자의 기술이 향상되면서 얼어붙은 도로에서의 실력을 너무 과신했기 때문일 것이다. 스키드 훈련을 받지 않으면 얼어붙거나 눈 덮인 도로에서 속도를 늦추고 신중하게 달리던 사람들이, 훈련을 받고 익숙해지자 속도를 그다지 늦추지 않고서 달린 것이다. 아울러 악천후에는 운전을 삼가던 사람들이 훈련도 받은 이상 이제는 운전해도 괜찮다는 자신감을 갖고 운전하게 된 것도 사고의 증가로 이어졌으리라.

인터넷에서 '자동차 스키드'를 검색하면 일본의 여러 자동차 학원이 스키드 체험 코스를 갖고 있으며, 스키드를 안전하게 극복하는 훈련을 하고 있음을 알 수 있다. 예를 들면 어느 학원의 홈페이지에는 이런 문구가 있다.

"안전운전의 첫 걸음은 위험한 상황을 초래히지 않는 운전을 하는 것입니다. 우리 교습소에서는 교관의 지도에 따라 '위험'을 '안전'으로 바꾸어주는 다양한 체험이 가능한 스키드 코스를 마련하고 있습니다. 위험을 재빠르게 회피할 수 있는 고도의 기술과 안전 의식을 습득합시다."

"안전운전의 첫걸음은 위험한 상황을 초래하지 않는 운전을 하는 것"이라는 부분에는 이견이 없다. 그러나 위험한 상황을 만들지 않기 위해서는 운전을 하지 말아야 할까? 얼어붙은 도로를 피해야 할까? 그렇지 않다면 속도를 낮추어 스키드가 발생하지 않도록 항상 주의를 기울여야 한다. 안전운전은 도로에서 미끄러진 자동차를 고치는 '고도의 기술'을 익히는 것이 결코 아니다.

프로의 경지에 오를수록 리스크도 커진다고?

피아노 교실 발표회 등에 가보면 초보자도, 상급자도 꼭 어디에선가 실수를 한다. 초보자는 쉬운 곡을 천천히 연주하지만, 그때까지의 연습한 성과를 발표하기 위해서 본인이 가장 잘 연주하는 곡을 (선생이) 선정한다. 중·상급자도 같은 목적을 가지고 있기 때문에 초보자 시절 연습했던 쉬운 곡이 아닌, 현재의 실력에 걸맞는 곡을 선택한다(내게는 실력 이상의 곡을 선택한 것으로 느껴졌지만……). 결국 기술적으로 진보해도 발표회에서 실수하는 확률은 매년 변하지 않는다.

프로는 콘서트 도중에 좀처럼 막히지 않지만, 원하는 표현과 자신이 갖고 있는 연주 기술과의 사이에서 아슬아슬한 조정을 통해 템포나 연주를 결정한다. 예를 들면 피겨스케이팅 선수가 경기에서 어떤 기술로 도전할 것인가 고민하는 것과도 비슷하다.

2회전을 성공시킨 선수는 3회전에 도전하고, 3회전을 성공시키게 되면 3회전 반을, 그리고 다시 4회전에 나선다. 고도의 기술에 도전하는 것은 이렇듯 끝이 없다. 그래서 넘어지는 리스크는 점프 기술이 향상되어도 변하지 않는다.

물론 4회전을 성공시킨 선수에게 3회전이라면 리스크가 작다. 그러니 경기에서 넘어지지 않도록 난이도가 낮은 기술을 선택하면 된다. 그러나 경기에서 라이벌과 경쟁해서 이기려면 실패의 리스크를 받아들이고 어려운 기술을 반복해서 보여주어야 한다.

학생 시절에 나는 스키를 시작했다. 그 당시 나는 2~3년 정도 지나서 숙달되고 나면 부상당하기가 가장 쉽다는 이야기를 듣곤 했다. 초보자 때는 자주 넘어지지만 그다지 스피드도 내지 못하니 넘어져도 부상으로 이어지는 경우가 적다. 하지만 숙달되면 스피드를 내면서 타는 것이 즐거워져 급경사나 커브가 있는 난이도가 높은 코스에 도전해서 넘어질 확률이 높아진다. 속도가 높은 만큼 넘어지면 부상도 커진다.

"난 천재야!"라는 자신감이 대형 사고의 원인이라고?

자동차, 특히 자가용 자동차 운전은 운전 경로, 주행 속도, 차선 변경을 할지 하지 않을지, 휴식은 언제, 얼마나 할지 등을 운전자가 아주 자유롭게 결정한다는 점 때문에 다른 교통수단과 크게 다르다. 운전을 하느냐 마느냐부터 운전자의 판단에 달려 있다.

철도 기관사는 정해진 속도로 열차를 달리게 하지 않으면 열차 운행 시간을 지킬 수 없으며, 운행 중에 피곤해서 휴식을 취하거나, 졸리니 잠시 잠을 자는 것도 마음대로 결정할 수 없다. 물론 버스 운전사나 택배 기사도 이처럼 할 수 없지만, 철도 기관사나 항공기 조종사에 비하면 훨씬 자유롭다.

전철을 운행할 때 특히 어려운 것은 역의 정차 지점에 정확히 맞추어 정차하는 것이다. 더군다나 마지막에는 급브레이크를 걸어 승차감이 나빠지지 않도록 천천히 부드럽게 멈춰야 한다. 이렇게 하기 위해서는 (진행 신호인 경우에 한해) 고속으로 역에 진입하면서 중간까지 속도를 유지하다가 브레이크를 강하게 건다. 그리고 속도가 충분히 떨어지면 브레이크를 천천히 풀고, 마지막에는 브레이크를 약하게 걸어서 정지 목표 지점에서 멈춘다. 멈추기 전에 저속에서 브레이크를 강하게 걸면 차내에 서 있는 사람이 앞으로 넘어질 수도 있기 때문에 승차감이 나빠질 뿐만 아니라 위험하기까지 하다.

그러나 전철 브레이크의 힘은 차량 편성에 따라 차이가 있고, 역 선로의 커브나 경사로로부터 영향을 받는다. 승객의 수나 날씨에 따라서도 작용하는 힘이 변화하기 때문에 능숙하게 멈추기가 어렵다.

브레이크를 너무 빨리 걸면 정차 지점에 못 미쳐서 멈추고 만다. 마지막에는 저속으로 정차 지점까지 천천히 달리도록 브레이크를 걸지 않으면 승차감이 나빠진다. 열차 운행 시간표를 맞추지 못하면 전철은 늦어진다. 확실히 지체되는 경우까지는 아니더라도, 정차하는 데 시간을 허비하면 역과 역 사이의 운전 시간의 여유가 줄어들게 된다. 그렇기 때문에 기관사는 (역의 진입 속도에 제한이 없는 경우) 될 수 있는 한 기다렸다가 브레이크를 걸고 싶어 한다.

그러나 브레이크를 걸기 시작하는 타이밍을 놓치면 정차 지점을 지나칠 리스크가 높아진다. 특히 기관사의 기량이 다소 향상되어도 좀 더 정확하게 잘 멈추고 싶은 도전 심리가 있는 한, 정차 지점에서 약간씩 벗어나는 일은 없어지지 않는다.

항공기 조종사의 기량이 제일 많이 요구되는 때는 착륙할 때다. 비가 오거나 바람이 불거나 안개가 끼어 있는 등 예전에는 이착륙을 할 수 없을 기상 조건에서도 이제는 기술이 고도로 발전된 덕에 항공기 운항이 이루어지고 있다.

그러나 기술만으로는 안전하게 착륙할 수 없다. 자동화 기술은 상당히 발전했지만, 아직 착륙은 조종사의 역량에 달려 있다.

항공기 조종사는 철도 기관사보다 강한 권한을 가지고 있다. 그만큼 책임도 크다. 예를 들면 기상 조건이 나쁜 공항에 착륙할 것인가 말 것인가에 대한 최종 판단은 기장이 한다. 무리라고 생각하거나 위험하다고 판단하면 착륙하지 않고 다른 공항으로 가는 결정을 공항 관제관이나 회사가 아니라 조종사가 한다. 그 결정에는 회사의 방침이나, 교육, 기업 풍토, 정시 운항이나 비용 절감의 압력 등 다양한 요인이 영향을 미치지만, 조종사의 비행 기술과 그에 대한 본인의 자각, 자신감도 크나큰 요인이다.

1975년에 이스턴 항공 66편기가 뉴욕 케네디 공항에 착륙할 때 강한 하강기류(downburst)에 휘말려 추락했다. 이 사고로 승객·승무원 124명 중 115명이 사망했다. 그 66편기가 착륙하기 전에 같은 항공사의 다른 편 항공기 기장은 착륙을 포기했다. 66편기의 기장은 부조종사에게 "저 친구 바보 아냐"라고 말한 것이 음성 기록장치에 기록되어 있었다. 자신감은 자신에 대한 과도한 믿음으로 이어지고, 결국 실패를 낳는 것이다.

제3장

사고의 원인은 시스템과 장치보다 사람

안전장치를 해도 사용자 때문에
다시 위험해진다고?

제1장에서는 자동차의 안전장치가 운전을 난폭하게 하거나, 저타르 담배가 발암 위험을 낮추지 않으며, 등산을 하는 사람들의 안전을 위해 개발한 비컨이 눈사태의 희생자를 줄이지 못하며, 치수 공사의 덕택으로 홍수가 줄어들었지만 간혹 일어나는 홍수의 피해가 증가했던 예를 들었다.

제2장에서는 훈련이나 경험에 의해서 자동차의 운전이나, 스키타기, 악기 연주 능력이 향상되어도 실수를 범할 가능성은 낮아지

지 않는다는 사실을 예를 들어 설명했다.

사고·질병·실패에 대한 리스크를 줄이려는 대책이나 훈련이 결과적으로 사고·질병·실패에 대한 리스크를 낮추지 못하는 것은 왜일까? 그것은 정작 인간이 리스크를 증가시키는 방향으로 행동을 변화시키기 때문이다. 이 현상을 '리스크 보상'이라고 한다.[1]

리스크 보상이란 낮아진 리스크를 메우기 위해 행동이 변화하여, 원래의 리스크 수준으로 되돌아가버리는 것을 말한다. 좁고 구불구불해 앞이 잘 보이지 않는 도로에서 폭이 넓은 직선도로로 나온 운전자가 속도를 높이거나, 눈 덮인 도로를 일반 타이어로 천천히 달렸던 자동차가 스노 타이어로 바꾸자마자 속도를 높이는 현상이 전형적인 리스크 보상 행동이다.

운전 속도처럼 측정 가능한 행동 변화뿐만 아니라 주의력이 낮아지거나 다른 일을 동시에 하는 등, 보다 큰 리스크를 받아들이는 방향으로 판단하거나 결정하는 확률이 높아지는 것도 리스크 보상 현상이다.

리스크 보상이라는 현상은 안전 시스템을 개발하는 기술자에게 괴로운 문제이다. 애써 고생해서 안전성을 높이는 장치를 만들어도, 그것을 사용하는 인간이 스스로 안전성을 떨어뜨려버리기 때문이다. 예를 들면 레이더 기술을 이용하여 자동차가 충돌하려고 할 때 자동적으로 브레이크가 걸리는 장치를 탑재하면, 한눈파는 운전자가 늘어나버린다. 적외선 암시 기술과 화상 처리 기술을 사용하여 어두운 밤에 자동차 전용 도로를 걸어다니는 사람을 식별하여 경보가 울리게 하는 장치를 자동차에 탑재해보자. 그러면 운전자가 어두운 밤에 도로에서 스피드를 지나치게 내는 바람에 결국 사고가 일어나기도 한다.

만약에 제대로 시스템이 작동되지 않아 사고가 일어났을 때는 제조물책임법(PL법, product liability)에 따라 제조사에 그 책임을 묻게 될 것이다. 그렇다면 한눈을 판 운전자가 잘못한 것인가, 사고를 방지 못한 제조사가 잘못한 것인가? 리스크 보상 문제와 책임 소재 문제가 안전장치의 연구 개발과 보급에 어두운 그림자를 드리우고 있다.

스키드 훈련의 부작용으로 미끄러짐 사고가 증가한 것처럼, 본인의 능력이 향상된 경우에도 리스크 보상이 일어날 수 있다. 능력이 향상되면 위험에 대처하는 능력도 높아지기 때문에 사고를 일으키거나 실패할 리스크가 낮아진다.

그러면 안전장치에 대한 인간의 반응과 같은 형태의 반응이 일어나 스스로 진화하여 보다 더 높은 리스크를 받아들이기 어렵게 되는 것이다. 도로의 사정처럼 환경에 존재하는 리스크나, 안전장치 등의 공학적 대책으로 낮아진 리스크를 인트린식 리스크 (intrinsic risk)라고 한다. 인트린식 리스크란 '본질적·내재적 리스크'를 말한다. 인트린식 리스크가 감소하든, 자신의 능력이 향상되어 리스크를 극복할 가능성이 높아졌든 사람은 결국 리스크가 낮아졌음을 인식한다. 이 인식이 사람의 행동을 리스크가 높은 방향으로 변화시키는 것이다(그림 3-1).

그림 3-1. 리스크 보상이 일어나는 요인

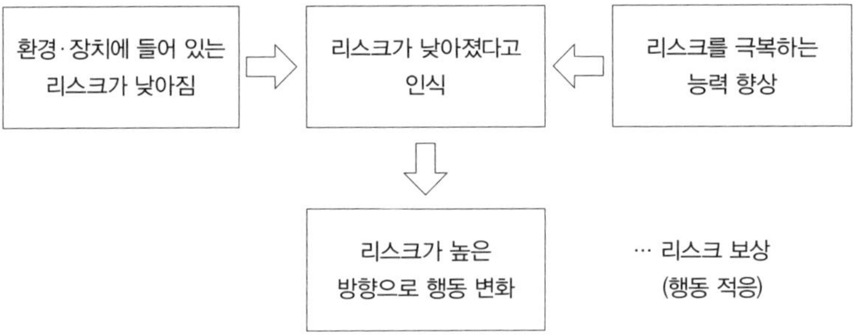

환경·장치에 들어 있는 리스크가 낮아짐	→	리스크가 낮아졌다고 인식	←	리스크를 극복하는 능력 향상

↓ 리스크가 높은 방향으로 행동 변화 ··· 리스크 보상 (행동 적응)

리스크 보상 행동은 나쁜 행위일까? 좁은 도로에서나 넓은 도로에서나 같은 속도로 달리는 것은 이상하지 않은가? 그러면 무엇을 위해 도로를 개량하는지 이해할 수 없다.

서툰 연주자도 노련한 연주자도 같은 템포로 연주해야만 하는가? 바이올린 전문가가 빠른 템포로 연주하는 '왕벌의 비행'은 얼마나 스릴 있고 멋진가.

그래서 연구자에 따라서는 리스크 보상 행동을 '행동 적응'이라고 부른다. 그러니까 리스크 보상이란 인간이 새로운 환경, 새로운 능력에 적응해 행동하는 현상이니, 부정적인 측면만을 강조할 필요는 없다는 주장이다. 이러한 입장의 연구자는 행동 적응의 부정적인 측면을 논하는 경우에는 '음(陰)의 행동 적응' 같은 단어를 사용할 때가 있다.[2]

안전 대책이 오래가지 못하는 이유가 뭘까?

그런데 왜 리스크가 낮아졌다고 인식하면 오히려 리스크가 큰 방향으로 행동이 변하는 것일까? 그것을 설명하는 이론이 '리스크 항상성 이론(risk homeostasis theory)'이다. '항상성(homeostasis)'이라는 단어는 원래 생리학 용어로, 외부 환경이 변화해도 몸속의 환경이 일정하게 유지되는 메커니즘을 가리킨다. 'homeo'는 '동일한', 'stasis'는 '상태'라는 의미이기 때문에 'homeostasis'는 '항상성'이라고 번역할 수 있는 것이다.

알기 쉬운 예로 항온동물의 체온 조절 기능이 있다. 날씨가 쌀쌀해지면 땀샘을 닫고 피부 표면에 가까운 혈관을 수축시켜 열이 빠져나가는 것을 막으면서, 몸속에서 열을 발생시켜 체온을 유지한다. 반대로 날이 덥거나, 운동을 해서 체온이 오르면 땀을 밖으로 내보내거나 혈관을 넓혀 열을 내보낸다.

항상성의 기본적인 메커니즘은 '역피드백(negative feed back)' 기능이다. 각기 센서가 있어서 적정한 수치로부터 벗어나면 자동적으로 원상태로 돌아가기 위해 체온, 혈압, 체액의 염분, 당분, 각종 미네랄 성분의 농도를 높이거나 낮추는 대응책을 발동한다.

이것은 에어컨의 실내 온도 조절 과정과 비교하면 이해하기 쉬울 것이다(그림 3-2).

그림 3-2. 에어컨의 온도 조절 기능

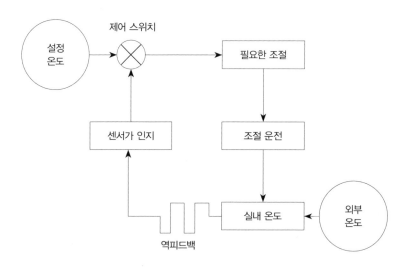

예를 들면 냉방의 경우 온도 센서가 실내 온도를 늘 모니터링하고 있어 설정 온도 이상으로 온도가 올라가면 냉기를 만들어 뿜어낸다. 또 실내 온도가 설정된 온도보다 낮아지면 에어컨은 운전을 멈춘다. 그리고 다시 실내 온도가 올라가면 운전을 재개한다. 너무 자주 꺼졌다 켜졌다를 반복하면 기계에 좋지 않기 때문에 설정 온도에서 0.5~1℃를 허용 범위로 한다. 최근의 에어컨은 인버터(inverter) 제어로 단순하게 전원을 껐다 켜는 정도로 바꾸는 것만이 아니라, 실내 온도와 설정 온도의 차이에 따라서 공기압축기(compressor)의 파워를 바꾸는 것도 하지만, 피드백 기능의 본질은 같다.

왜 '역피드백'이라고 하는가 하면, 현재 실내 온도가 설정한 온도보다 너무 높으면 온도를 낮추도록 바꾸어 움직이고, 실내 온도가 너무 낮으면 온도를 높이도록 작동하기 때문이다.

'이 항상성의 메커니즘이 리스크에도 적합한 것은 아닌가?' 하고 생각한 사람이 제럴드 와일드다. 와일드는 1982년 〈리스크 어낼리시스(risk analysis)〉 지에 '리스크 항상성 이론'을 발표하여 커다란 센세이션을 일으켰다.[3]

와일드의 주장 중에서 특히 중요한 점은 다음 2가지다.

(1) 어떠한 활동이라도 사람들이 그 활동으로부터 얻을 수 있을
    것이라고 기대하는 이익과 서로 바꿀 수 있는, 자신의 건강,
    안전, 그 밖의 가치를 훼손하는 리스크의 주관적 추정치를
    어느 정도 수준까지 받아들인다.
(2) 사람들은 건강·안전 대책에 따라 행동을 바꾸지만, 그가
    자발적으로 책임져야 할 리스크의 양을 바꾸고 싶다고 생각
    하게 하지 않는 한 행동의 위험성은 변화하지 않는다.

결국 리스크를 받아들이는 것은 이익으로 연결되기 때문에, 사
람들은 사고나 질병의 리스크를 어느 정도 받아들이고 있다. 그
'정도'가 리스크의 목표 수준이다. 안전 대책으로 사고가 줄어든
경우 사람들은 리스크가 낮아졌다고 느끼고, 리스크를 목표 수
준까지 끌어올리려고 한다. 왜냐하면 편익(benefit)이 커지기 때
문이다. 그러므로 리스크의 목표 수준을 바꿀 수 있는 대책이 없
는 한 어떠한 안전 대책도, 단기적으로는 성공할지도 모르지만,
장기적으로는 사고율이 원래 수준으로 되돌아가버릴 것이라고 예
측한다.

5분 일찍 가려다 50년 먼저 죽어 있다?

교통 안전 대책과 운전자 행동에 대한 항상성 메커니즘을 제럴드 와일드가 그림을 통해 나타낸 것이 그림 3-3이다. 조금 이해하기 어려운 단어가 사용되어 쉬운 말로 설명해보면 다음과 같다.

그림 3-3. 어느 지역의 도로 이용자 행동의 항상성 모델

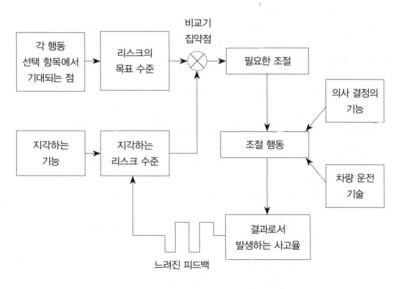

출처: Wilde, 《교통사고는 왜 줄어들지 않는가?》, 신요사, p. 44

앞이 잘 보이지 않는 편도 1차선 도로에서 앞서가는 자동차가 천천히 달리는 상황을 예를 들어 설명하면 이렇다. 그림 3-3에서

의 '각 행동 선택 항목에서 기대되는 점'이란 추월을 할 것인가, 말 것인가에 대한 각각의 행동 선택에 어느 정도의 유리한 점(merit)과 불리한 점(demerit)이 있는가 하는 것이다. 추월하면 빨리 목적지에 도착하여 드라이브를 즐길 수 있다는 장점이 있고, 추월을 하지 않으면 지각하거나 조바심이 난다는 단점이 있다.

'리스크의 목표 수준'은 개인이 자동차를 운전할 때 받아들이고 있는 리스크 수준이다. 이것이 '각 행동 선택 항목에 기대되는 점'에 영향을 준다. 이 운전의 목적이 한가로운 드라이브 여행이라면 느껴지는 단점은 작지만, 중요한 회의를 위해 서둘러 목적지로 가고 있다면 지각이라는 단점이 매우 크기 때문에, (본인이 느끼지 않더라도) 보다 더 높은 교통사고 리스크를 받아들일 것이다.

'지각(知覺)된 리스크 수준'은 그곳의 교통 상황이나 교통 환경에서 느낀 리스크의 크기다. 자동차 운전 그 자체에 대해서 느끼고 있는 리스크의 크기도 포함된다. 편도 1차선 도로에서 추월하려고 할 때 맞은 편에서 달리는 차가 접근하거나, 도로에서 앞이 잘 보이지 않으면 리스크가 크다고 느낄 것이다. '지각된'이라는 말은, 바꾸어 말하면 '주관적'이라는 의미다. 객관적인 리스크가 높아도 지각하지 않으면 낮게 느껴진다. 그러므로 지각된 리스크의 수준에는 개인의 리스크에 대한 느낌이나 위험을 발견하는 능력으로

'지각된 기능'이 영향을 미친다.

 '비교기[1]/집약점'은 리스크의 목표 수준과 지각된 리스크 수준이 집약되어 비교되는 포인트이며, 그것에 따라 '필요한 조절', 즉 추월을 할 것인가 말 것인가를 결정하는 '조절 행동'을 하게 된다. 편도 1차선 도로에서 추월 중에 반대편 차선을 달리는 차가 접근하고 있는 것을 발견하면, 다시 필요한 조절을 통해 브레이크를 밟고서 앞서가는 차의 뒤로 돌아간다.

 또는 액셀러레이터을 밟아 추월하는 조절 행동이 실행될 것이다. 이러한 조절 행동을 잘할 수 있는가 아닌가에는 '의사 결정 기능'과 '차량 운전 기술'이 영향을 미친다는 것은 두말할 나위 없다.

 이해하기 어려운 것은 '결과로 발생하는 사고율'이다. 이외에는 개인 운전자가 운전하고 있는 상황을 떠올리면서 항상성 메커니즘을 이해할 수 있다. 그러니까 여기에 와서 갑자기 다른 운전자가 일으킨 과거의 사고 누적 기록이 등장하기 때문이다. 제럴드 와일드는 이 그림 3-3에 대해서 "개인의 행동에 관한 것은 아니

---

1) 비교기(比較器, comparator)는 어떤 정보의 두 개의 표현 방식(transcription)을 비교하여 크기, 순서, 특성 등에 차이가 있는지 없는지는 물론, 컴퓨터 내의 기억 형태(storage), 산술 연산(arithmetic operation) 등의 정확도도 체크한다. 체크 결과는 출력 신호(output signal)의 형태로 알린다.

고, 주어진 행동 지역(시·읍·면·마을이나, 도·시·군이나, 국가도 괜찮다)'에 있어서 모든 도로 이용자에 관한 모델이라는 것에 유의해 주었으면 한다"고 해설하고 있다.[4]

'도로 이용자'는 운전자만이 아니라 보행자나 자전거 운전자도 포함하는 단어이지만, 여기서는 운전자만을 고려하고 있다. 어느 지역의 운전자가 리스크를 지각하고, 그것을 각각의 리스크 목표 수준과 비교해서 조절 행동을 한 결과로서 가끔 사고가 일어난다. 사고가 빈발하면 지각된 리스크의 수준을 높이고, 사고가 거의 일어나지 않으면 리스크를 작게 느낄 것이다.

실제로 지역의 사고율이 변하고 나서 그것이 운전자의 리스크에 대한 느낌을 변화시키기까지는 시간이 걸리기 때문에 '느려진 피드백'이라고 표기하고 있다.

우리 동네 교통사고율은 왜 제자리를 맴돌까?

만일 교통안전 대책이 시행되거나 자동차의 안전성이 높아져 사고가 줄어든다고 하자. 사고율이 낮아지면 '지각된 리스크 수준'도 낮아져 '리스크 목표 수준'을 밑돌기 때문에 사고를 증가시키는 방향으로 '필요한 조절'이 진행될 것이다.

대부분의 독자는 '그런 어처구니 없는 말이 있나', '보통 사람은 일부러 사고를 일으키지 않는다'라고 생각할지도 모른다. 물론 사고를 일으키고 싶어서 사고를 내는 사람은 없다. 그러나 도로가 넓어지면 스피드를 높이는 것도 보통 운전자이고, 추돌 경보 시스템이 장착된 자동차를 운전할 때 다소간 주의가 산만해지는 것도 누구에게나 있는 일이다.

63쪽의 그림 3-3의 모델은 앞서 설명한 것처럼 어느 지역의 도로 이용자를 하나의 집합체로 보고서 만든 행동 모델이다. 그중에는 안전 대책에 거의 반응하지 않는 사람도 있을 수 있지만, 행동을 크게 바꾸는 사람도 있다. 그 때문에 전체적으로는 리스크가 높아지는 쪽으로 행동이 변화하여, 사고율은 다시 증가하고 머지않아 원래의 수준으로 돌아간다고 예측하고 있다.

피드백 루프의 바깥쪽에 있는 지각적 기능, 의사 결정 기능, 운전 조정 기능이 어느 정도 개선되더라도 사고율에 영향을 미치지 않는다는 것도 리스크 항상성 이론의 중요한 주장이다.

예를 들면 어린이들이 갑자기 도로에 뛰어들기 쉬운 장소라는 것을 미리 알아차리고 조금이라도 빨리 어린이를 발견하는 지각적인 기능, 어린이가 뛰어나오는 것을 발견하면 재빨리 브레이크를 밟아 사고를 피하는 운전 기술, 그때 자동차의 경적을 울려야 하는지, 브레이크를 밟아야 하는지, 핸들을 꺾어야 하는지를 순간적으로 판단하는 의사 결정 기능을 훈련 등으로 끌어올려도, 그것에 의해 사고율이 낮아지면 느껴진 리스크 수준은 낮아진다. 결국 위험이 높은 방향으로, 예를 들면 달리는 속도를 높이거나 또는 주의력을 저하시키는 형태로 행동이 변화할 것이다.

만일 이들의 기능이 향상되어 운전자의 사고율이 실제로 낮아졌더라도, 그 때문에 그 지역의 교통사고가 줄어들면, 다른 운전자가 지각하는 리스크 수준도 낮아지기 때문에 지역 전체적으로는 사고율이 원래대로 돌아가는 방향으로 (집합적으로 본) 운전자의 행동이 변화한다고 리스크 항상성 이론은 예측하고 있다.

63쪽의 그림 3-3은 사람들의 리스크 목표 수준이 낮아지지 않는 한 사고율도 낮아지지 않는다는 사실을 보여준다. 바꾸어 말하면 사고율을 낮추려면 사람들의 리스크 목표 수준을 낮추는 수밖에 없다.

독일 택시 운전사들이
ABS 장착 차량으로 실험해보았다

1980년대에 독일에서 ABS(anti-lock brake system)가 운전자의 운전에 미치는 영향을 조사하기 위해 3년간 매우 흥미로운 필드 실험을 했다.[5] 실험에 참가한 사람들은 뮌헨에 있는 택시회사 운전자들이었다. 이 회사에는 ABS가 부착된 택시와 부착되지 않은 택시가 있었다. ABS가 부착되어 있는 것과 부착되어 있지 않은 택시는 동일한 모델로, 엔진이나 운전석 주변의 장치도 똑같았다.

ABS가 장착되어 있으면 급브레이크를 밟아도 차 바퀴가 잠기지 않기 때문에 핸들이 잘 작동하여 사고를 피하기 쉽다. 운전자가 실험 내내 ABS가 장착된 차량에 탈 것인지, 장착되지 않은 차에 탈 것인지는 무작위로 결정했다. 물론 운전자에게는 ABS가 장착된 차량인지 아닌지 알려주지는 않았다. 하지만 운전해보면 바로 알 수 있었다. 두 종류의 차량이 사용된 지역, 요일, 시간대, 날씨, 사용 조건 등에도 차이가 나지 않도록 했다. 그리고 ABS 장착 차량과 비장착 차량 간의 사고 건수 및 운행 행동을 비교했다.

먼저 사고 건수이다. 실험 기간에 이 택시 회사와 관련된 사고는 747건이 있었지만, ABS 장착 차량과 비장착 차량 간의 사고 건수와 사고의 크기에서는 차이가 발견되지 않았다.

다음은 운행의 비교로, 두 가지 방법으로 행해졌다. 첫 번째는 운전자에게는 비밀로 하고서 가속도 센서를 설치했다. ABS 장착 차량과 비장착 차량 10대씩에 설치한 센서의 기록에 따르면 ABS 장착 차량 쪽이 급감속·급가속하는 경우가 많았다.

두 번째는 승객으로 가장해 택시에 승차한 스태프가 관찰한 운전자의 운전 스타일 기록이다. 사전에 훈련을 받은 관찰 스네프 여러 명이 같은 지점에서 택시를 타고, 같은 코스를 간 뒤 같은 장소에서 하차한다. 코스의 길이는 18km이다. 관찰자는 그 구간에서 운전자의 태도를 평정 척도(評定 尺度)로 채점하고, 사전에 정해 놓은 4지점에서 주행 속도를 체크했다. 운전자는 자신의 행동이 관찰되고 있다는 것을 알지 못하고, 관찰자는 자신이 타고 있는 자동차가 ABS 장착 차량인지, 비장착 차량인지를 알지 못했다.

관찰 결과 ABS 장착 차량 운전자는 비장착 차량의 운전자에 비해서 다음과 같은 평정 척도 평가가 통계적으로 의미 있을 만큼 나쁘게 나왔다. 즉, 커브 길을 돌아가는 방법, 차선 내에서의 휘청거림, 전방의 시야가 나쁜 경우의 운전, 합류 방법 면에서 말이다. 마지막에 적은 합류 방법에 대해서 ABS 장착 차량 운전사는 난폭하게 운전하기 때문에 주변 교통을 혼란시키는 경우가 많다고 보고되었다. 또한 주행 속도를 체크한 4개 지점 중 3개 지점에서는 차이가 없었지만, 1개 지점에서는 ABS 장착 차량이 비장착 차량에 비해 속도가 높았다. 그것은 통계적으로 의미 있게 나타났다.

캐나다와 노르웨이의 운전사들도 같은 실험을 해보았다

뮌헨의 실험 결과는 1990년대에 캐나다와 노르웨이에서 재확인되었다.[6]

캐나다에서는 연방정부가 퀘백 주의 테스트 코스를 활용하여 81명의 일반인 운전자가 참가하는 실험을 해보았다. 사용된 자동차는 ABS를 작동시키는 모드와 작동시키지 않는 모드를 스위치로 변환시킬 수 있도록 했다. 실험 참가 운전자는 ABS의 기능과 특징을 교육받은 후에 지시에 따라 코스 내의 직선이나 커브를 달리고, 빨간색 신호에서 정지하며, 직선이나 커브에서 긴급 정지를 하도록 했다. 운전자 중 절반가량은 ABS를 작동시켜서 급브레이크를 밟는 연습을 한 상태에서 테스트에 참가했으며, 나머지 절반은 연습을 하지 않은 채 테스트를 받았다.

계측 결과 ABS를 켜고 있을 때가 끄고 있을 때보다 스피드를 더 내고, 브레이크를 밟는 힘이 강했다는 것을 알 수 있었다. 또한 사전에 연습한 운전자 쪽이 연습하지 않았던 운전자보다도 주행 속도가 높았다. 그리고 가장 중요한 정지 거리는 ABS를 작동시킨 자동차(속도는 ABS를 작동시키지 않은 자동차보다 빠름)와 작동시키지 않은 자동차 간에 별다른 변화가 없었다.

1996년에 노르웨이에서 이루어진 필드 실험에서는 1,384대의 택시가 사용되었다. 오슬로 시내와 공항을 연결하는 도로에서 차간 거리를 관찰했더니 ABS를 장착한 자동차 쪽이 장착하지 않은 자동차보다도 선행 차량과의 안전 거리가 좁았다고 보고되었다.

결국 운전자는 ABS라는 안전장치를 안전성 향상을 위해 사용하는 것이 아니고, 안정성 유지를 위해 이용하고 있는 것이다. 조금씩 속도를 올려도, 커브를 돌아도, 차량 간 거리가 좁혀져도 지금까지와 같은 정도로 안전하다고 생각하기 때문이다. 새로운 장치가 가져다준 그 안전의 여유를 자신의 행동으로 날려버린다.

우수한 안전장치를 도입해도
사용자 때문에 사고가 난다고?

뮌헨의 ABS 실험으로부터 30년이 지난 지금 전자 자세 제어 시스템(electronic stability control system), 선진 크루즈 콘트롤(cruise control), 충격 경감 브레이크, 충돌 회피 브레이크, 차선 일탈 경보 장치, 졸음 검지 장치, 야간 시력(night vision) 증강 장치, 지능형 속도 제어 등 다양한 안전장치가 개발되었다. 그러나 이러한 시스템을 사용하는 것은 인간이다. 인간이 리스크를 줄이고 싶다고 갈망하지 않는 한, 인간의 행동은 위험한 방향으로 변화하면서 편익(benefit)을 받아들이기가 어려울 것이다.

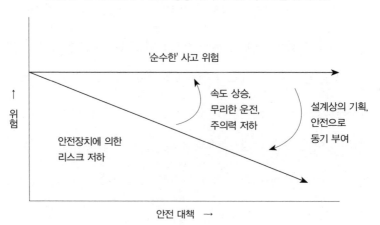

그림 3-4. 하드웨어 + 인간 행동이 가져오는 리스크를 줄이려면

그림 3-4에서 제시한 것처럼 자동차를 위한 도로 환경, 신호 시스템, 안전장치 등 하드웨어와 그것을 사용하는 인간인 운전자의 행동 결과로서의 리스크, 즉 순수한 사고 리스크는 인간이 받아들이는 리스크 수준이 변하지 않는 한 변하지 않을 것이다. 적어도 지금의 안전수준으로 충분하다고 생각하고 있는 사람, 자신은 사고를 일으키지 않는다고 근거 없이 믿고 있는 사람, 좀 더 빨리 달리고 싶은, 조금이라도 빨리 목적지에 도착하고 싶다고 생각하면서 운전하고 있는 사람, 운전하면서 전화를 하거나, DMB를 보거나, 메일을 보내거나, 네비게이션을 조작하는 사람들에게는 안전장치란 안전성 향상이 아닌, 자신들이 하고 싶은 행동을 위한 수단으로 이용할 수 있는 편리한 장치에 불과한 것이다.

안전장치가 제 목적대로 안전성을 높이도록 사용되게 하려면 안전을 중요하게 여기려는 의식을 높이는 교육이나, 유도 장치의 유저 인터페이스(user interface, 사용자 연결 장치) 같은 대책 등이 반드시 있어야 한다. 게다가 '한 대의 자동차와 그것을 조종하는 한 사람의 운전자'라는 범위 내에서 안전을 도모하는 것의 한계를 깨닫고, 여러 교통 환경 중에서 기계·설비·인간(복수의 교통 참가자)·조직의 상호작용 관점에서 안전성 향상을 목표로 하는 관점이 필요하다.

리스크 항상성 이론에 대해서는 찬반양론이 있다. 지지하는 데이터도 있지만 반증하는 데이터도 있다. 그러나 안전 대책을 시행하거나 안전 시스템을 도입하는 것이 사람의 마음에 영향을 미치고 행동을 변화시킬 가능성이 있다는 것은 틀림없다. 사고를 줄이기 위한 정책을 입안하거나 기술 개발을 하는 데 있어서 인간의 심리를 고려해 반영하고, 행동 변화 가능성을 미리 검토해야 하는 일의 필요성과 중요성을 명심해야 한다.

리스크 항상성 이론은 사람들의 위험 목표 수준을 낮추지 않는 한 사고율은 줄어들지 않는다고 한다. 하지만 리스크 목표를 어떻게 낮출지는 뒤에서 다시 논의하기로 하자. 그 전에 다음 장에서 왜 사람들은 위험한 짓을 하는지에 대해서 생각해보자.

제4장

'스릴'과 '리스크'는 종이 한 장 차이

'리스크'의 뜻이 '나쁜 결과'라고?

리스크의 뜻은 여러 가지다. 그중에서도 가장 짧은 것은 '결과의 불확실성'이다. 결과가 정해져 있으면 리스크가 없다. 결과를 모르기 때문에 리스크가 있는 것이다(결과의 확률을 알고 있는 것을 '리스크', 알 수 없는 것을 '불확실성'이라고 정의하는 설도 있지만, 여기에서 그 문제는 다루지 않을 것이다).

예를 들면 100만 원으로 주식을 산다면, 주식 가격이 하락해 원금이 줄어들 가능성이 있다. 그러나 이 100만 원을 은행에 예금하면 원금이 줄어들지 않는다. 그러므로 주식에는 리스크가 있고,

은행 예금에는 리스크가 없다고 하는 것이다. 물론 지금의 경제는 불안정하기 때문에 은행이 망할지도 모른다. 그러니 은행에 예금하는 경우도 "리스크가 없다"기보다 "리스크가 매우 작다"고 하는 것이 정확한 표현이다. "결과가 불확실하다"고 하는 이유는 예상하기가 어렵다보니 예상이 빗나가는 경우도 있기 때문이다. 일기예보 같은 것이 그렇다.

주간 예보를 보니 이번 주 일요일은 날씨가 맑다고 해서 피크닉을 가기로 했다. 친구들을 부추겨 바비큐 재료를 사고, 전날 세차를 하고, 자동차에 피크닉 도구를 실어놓고, 즐거운 마음으로 아침에 일어났다. 그런데 비가 내리고 있다. 친구들과 모두 함께 먹으려는 것이기 때문에 혼자서 다 먹을 수 없을 만큼 많은 바비큐 재료를 사는 것이나, 세차를 하거나 피크닉 도구를 차에 싣기 위한 시간과 노력을 들이는 것에는 리스크가 따른다. 왜냐하면 날씨라는 불확실한 요소로 인해 불필요한 비용을 지불하거나 헛수고를 할 가능성이 있기 때문이다.

일기 예보가 '흐린 후 비'라고 할 때 우산을 가지고 외출하겠는가? 우산을 두고 나가 비를 맞을 리스크도 있고, 우산을 가지고 나가서 사용하지 못하고 불필요한 짐을 하루 종일 들고서 걷기만 하다가 끝나버릴 리스크도 있다. 물건을 잘 잃어버리는 나 같은 사람은 우산을 지하철에서 잃어버릴 리스크도 크다.

'나쁜 결과'에도 차이가 있다고?

'결과의 불확실성' 때문에 리스크는 모두 '나쁜 결과'와 관련된 것뿐인 듯하다. 주식 가격이 예상보다 많이 올라 이익을 얻었다면, 일기 예보에서 비가 온다고 했는데 맑게 개여 피크닉이 즐거워지면 그것을 리스크라고 말할 수 없다. 따라서 리스크란 '나쁜 결과가 일어날 가능성'이라고 정의하는 것이 좋다(많은 자료에서 '바람직하지 않은 결과가 일어날 가능성 또는 확률'로 정의하고 있으며, 그편이 보다 더 정확한 표현이지만, 여기서는 이해하기 쉽고 간결한 '나쁜 결과'라는 표현을 사용하기로 한다).

'나쁜 결과'에는 '조금 나쁜 결과'부터 '매우 나쁜 결과'까지 여러 가지 수준이 있다. 여름에 약하게 내린 비에 젖는 것은 조금 나쁜 결과지만, 겨울에 흠뻑 젖는 것은 상당히 나쁜 결과다. 교통사고에서 목숨을 잃는 것은 매우 나쁜 결과라고 말할 수 있다.

'가능성'에도 여러 가지 수준이 있다. '거의 없다'부터 '거의 확실하다'까지 확률의 높고 낮음으로 표현하는 것이 가능하다. 여담이지만 기상청이 강수 확률을 발표한 것은 1980년부터라고 한다.

리스크가 '나쁜 결과가 일어날 가능성'이라면, 리스크의 정도는 나쁜 결과의 크기와 그것이 일어나는 확률로 대략적으로 표현하는 것이 가능하다(그림 4-1 참조). 실제 보험회사나 증권회사에서 일하는 리스크 전문가의 대부분은 '리스크 = 손해액 × 손해 발생 확률'이라고 생각하고 있다.

그림 4-1. 리스크의 크기

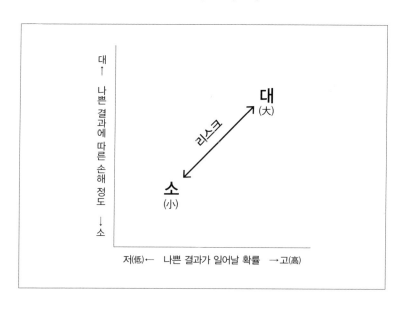

결과가 나빠도 그것이 꼭 위험한 것은 아니라고?

'나쁜 결과가 일어날 가능성'이라고 하는 것은 '위험'과 동의어인가? 대체로 '리스크'라는 말은 '위험' 또는 '위험성'이라는 말로 바꾸어도 좋을 듯하다.

'교통사고를 당할 리스크', '주식에서 손해볼 리스크', '수술 리스크', 'X선에 피폭당할 리스크', '식품첨가물의 리스크' 등을 시험 삼아 각각의 '리스크'를 '위험'으로 바꾸어 읽어봐도 문제는 없는 것 같다.

그렇다면 '위험'은 피해야만 하는 것이기에 리스크도 피해야만 하는 것이라고 생각해도 좋은가? "당연하잖아"라고 말하는 독자가 많을지도 모르지만, 잠시만 기다려주시길 바란다. 교통, 주식, 수술, X선, 식품첨가물 등 어느 것 하나 우리들의 삶이나 산업, 의료, 식생활에 없어서는 안 되는 것들뿐이다. 결국 리스크의 이면에는 '편익'이 있다는 것이다(어쩌면 리스크는 '편익'이라 해야 하지 않을까?). 수술이 위험하다며 아픈 부분을 가만히 내버려두면 계속 고통스러울 것이고, 병이 악화되기도 하며, 사망할지도 모른다. 아울러 수술을 하면 좋아질 가능성도 있기 때문에 수술을 한다(대부분 수술은 병이 낫는 것으로 이어질 가능성이 높다). 방사선은 위험하지만, 여러 가지 질병을 진단할 수 있고, 그에 따라 적절한 치료도 할 수 있다. 암을 미리 발견해 생명을 건지는 사람도 많다. 식품첨가물은 사용하지 않는 편이 좋다고 생각하고 있는 사람이 있지만, 사용하지 않으면 그로 인해 여러 가지 리스크를 낳는다는 것을 알아야 한다.

교토 대학 명예교수이자 방사선의학 전문의인 스가와라 츠토무에 따르면, 방사선 연구가 '리스크에 대한 생각'을 갖게 했다고 한다.[1]

1895년에 빌헬름 뢴트겐이 X선을 발견하고 몇 년 지나지 않아, X선을 사용한 투시 기술은 전쟁에서 총탄에 쓰러진 병사의 수술에 절대적인 위력을 발휘했다. 뿐만 아니라 피부질환이나 피부암에 방사선을 쏘이면 치료 효과가 있다는 것도 알아냈다. 한때는 류머티스나 결핵 치료에까지 사용되었다고 한다.

그러나 머지않아 X선 같은 방사선에 의한 건강 피해도 나타나기 시작했다. 우리에게 도움이 되지만 위험하기도 한 방사선을 어느 정도 쏘여야 안전한 것인가? 아니, 사실 '안전'이라는 것은 있을 수 없다. 조금이라도 쏘이면 그만큼 암 발병으로 연결될 가능성이 높아진다.

그러나 방사선은 자연계에도 존재하고 있어 누구나 조금은 피폭을 당하고 있다. 아울러 이토록 도움이 되기 때문에 이용을 금지하는 것은 오히려 인류·사회를 위해 좋지 않다. 그렇다면 "어느 정도까지 피폭을 허용할 수 있는가?"라는 관점에서 기준을 정하자라는 것이 '리스크에 대한 생각'인 것이다. 그래서 그후에 방사선을 어떻게 측정하고, 피폭 리스크를 어떻게 평가할 것인가에 대해서 연구가 진행되었다.

결국 효용과 불효용이라는 양면이 있다는 것을 고려하여 위험의 정도를 객관적으로 추산하고, 어느 정도의 위험은 받아들이면서 편리한 점을 잘 이용하기 위해 '리스크'라는 개념이 탄생했다고 할 수 있다.

나는 '나쁜 결과'를 어떻게 받아들이고 있을까?

다음으로 개인의 수준을 생각해보자.

리스크를 인식하고 있으면서 그 리스크를 받아들이는 것을 심리학에서는 '리스크 수용(risk taking) 행동'이라고 한다. 일반적으로 리스크를 받아들이는 프로세스는 그림 4-2와 같이 나타낼 수 있다. 즉, 처음에 리스크의 존재를 깨닫는다. 다음은 그 리스크의 크기(피해를 입을 가능성과 피해의 크기)를 추산한다. 그리고 마지

막으로 그 리스크를 받아들일 것인가 피할 것인가를 결정한다. 이 '리스크 지각', '리스크 평가', '의사 결정' 등 3단계 모두에 상황, 지식, 경험, 성별, 연령, 성격 등의 요인이 영향을 미친다.

그림 4-2. 리스크를 받아들이는 데 이르는 프로세스

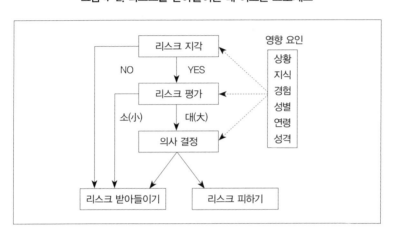

리스크의 존재를 깨닫지 못하면 리스크를 피하려고 하지 않는다. 1999년에 일본 도카이무라 지역의 핵연료 가공 시설에서 일어난 임계(臨界) 사고[2]를 보면, 고농도의 우라늄 용액을 1개의 용기

---

2) 임계(臨界)는 우라늄이나 플루토늄 등의 핵연료에서 일어나는 핵분열 반응이다. 핵연료에서 중성자가 발생하고, 그 중성자끼리 충돌해 주위의 핵연료도 연쇄적으로 분열하면서 반응이 계속되는 상태를 말한다. 이 임계 사고는 1999년 9월 일본 이바라키 현 도카이무라 이시가미도주쿠 지역에 있던 핵연료 가공회사인 일본핵연료컨버전(JCO) 사에서 발생했다. 이 당시 방사능 누출로 피폭자 439명, 사망자 2명이 나왔다.

에 너무 많이 담으면 핵분열 연쇄 반응이 일어날 가능성이 있다는 것을 작업자들이 알지 못했던 것 같다.[2] 규정대로 가늘고 긴 대쪽 모양의 용기를 사용했다면 임계가 일어나기 어려웠을 것이다. 하지만 직경이 큰 형태의 용기를 사용했기에 임계가 일어나기 쉬워졌던 것이다. 그렇게 하는 것이 능률이 높다고 판단했기 때문이다. 즉 능률이 높은 작업 방법으로 변경하기로 결정할 때, 그 작업 방법에 따르는 커다란 리스크를 깨닫지 못했기 때문에 일어난 비극이었다. 리스크 지각에는 이렇듯 지식과 경험이 필요한 경우가 있다.

리스크의 존재를 깨달은 후에는 그 리스크의 크기를 평가하는 과정이 계속된다. 리스크의 크기는 피해가 일어날 확률과 피해 정도의 제곱이라고 정의되는 경우도 있지만, 주관적인 리스크의 크기는 반드시 이러한 객관적인 수치와 일치하지는 않는다. 알 수 없는 리스크나 공포가 따르는 리스크는 높게 평가하기 쉽고, 익숙하거나 성공한 경험이 있어 리스크가 낮게 평가되는 경우도 있다. 여기에서도 지식과 경험이 영향을 미친다. 게다가 여성은 남성보다도, 젊은 사람들은 중장년층보다도 리스크를 낮게 추산하는 경향이 있다.

리스크를 평가한 상태에서 리스크를 받아들일 것인지 피할 것인지를 판단한다. 보통은 리스크가 크다고 판단하면 피하고, 리스크가 작다고 판단하면 피하지 않거나 또는 적극적으로 취한다. 그러나 리스크를 무릅쓰고서 얻을 수 있는 성과·보수의 매력이 크다면 어느 정도의 리스크는 받아들일 것이며, 성과·보수가 리스크에 맞지 않는다고 생각하면 비록 작은 리스크라도 피할 것이다. 또한 리스크를 피하지 않고서도 자신의 기술·능력을 활용하면 목표를 달성할 수 있다는, 또는 사고를 피할 수 있다는 자신이 있는 경우에는 리스크를 받아들이게 된다.

리스크를 받아들일 것인지 피할 것인지 같은 판단에 영향을 미치는 인자(factor)로는 본인의 가치관, 주변 사람이나 문화의 평가도 있다. "남자라면 용감하게 맞서야 한다", "실패를 두려워하지 않고 도전하는 것은 아름답다" 같은 생각을 본인이나 주변이 하고 있다면, 동일한 정도의 리스크 평가를 해도 리스크를 받아들이는 방향으로 판단이 기울 것이다.

'나쁜 결과'를 받아들임으로써 생기는
이익도 있다고?

리스크를 받아들임으로써 편안함과 이익을 얻을 수 있지만, 나쁜 결과로 나타날 가능성도 있다. 많은 경우 리스크가 큰 것을 받아들이면 잘됐을 때 이득도 큰 대신, 실패했을 때 손실도 크다.

만약 인간이 합리적인 리스크 수용자(risk taker)라면 그림 4-3과 같이 계산을 할 것이다.[3] 즉, 리스크를 받아들임으로써 예상되는 이득(성공했을 때 이익 × 성공할 확률) y1에서 동일한 리스크 행동으로 인해 예상되는 손실(실패했을 때의 피해 × 실패할 확률) y2를 뺀 순이익 y3가 최대가 되는 포인트 x가 '최적 리스크 수준'이라고 한다면, 그 리스크 수준을 목표로 할 것이다.

경제학에서는 이득과 손실을 효용(utility)이라는 하나의 축으로 생각하고, 이득을 정(正)의 효용, 손실을 부(負)의 효용이라고 한다. 효용에는 금전적인 것뿐만 아니라 물건을 샀을 때의 기쁨이나 사용하는(먹는, 보는) 즐거움, 다른 사람들에게 보여주거나 보였을 때의 부러움·부끄러움 등 심리적인 이득·손실도 포함된다. 따라서 효용은 개인에 따라 제각각인, 즉 주관적인 것이기 때문에 주관적인 효용을 최대화하도록 행동을 선택한다고 하는 가설을 '주관적 효용 최대화설'이라고 한다.

자동차를 산다고 생각해보자. 손실은 지불하는 금액, 구매 후의 유지비, 연료비, 세금 등이다. 이득은 자동차 성능, 승차감, 내부 공간, 안전성, 디자인 만족도, 보기 좋은 외관 등으로부터 얻을 본인의 경제적·심리적 효용이다. 많은 금액을 지불할수록 이득은 증대되지만, 일정 금액 이상이 되면 그 증가 속도가 줄어든다. 지불액에 대한 주관적 손실은 지불 능력이 높은 사람이 지불 능력이 낮은 사람보다 작기 때문에 효용이 최대화되는 포인트는 오른쪽으로 이동한다. 다시 말해 아주 비싼 자동차를 선택할 것이다.

그림 4-3. 순이익 y3를 최대화하는 존재로서의 모델

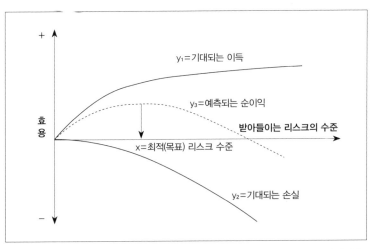

y3는 '기대 효과'라고도 하며, 이득 · 손실(y1 · y2)이다. x는 수용하는 리스크를 나타낸다.
(Wilde, 참고 문헌 3, p. 46)

물론 자동차로부터 얻을 수 있는 주관적 이득이 큰 사람, 예를 들어 드라이브를 매우 좋아하는 사람이라면 지불 능력이 비교적 낮더라도 값비싼 자동차를 선택한다는 것이다.

이 가설을 주행 속도와 교통사고 리스크에 응용해보자.

그림 4-3의 가로축을 주행 속도라고 생각하고 다시 봐주기 바란다. 반드시 속도가 낮으면 낮을수록 안전하다고는 할 수 없지만, '사고 가능성 × 사고에서의 손해'를 '기대되는 손실'이라고 생각하면 속도가 높을수록 기대되는 손실이 크다고 봐도 틀리지 않을 것이다. '기대된다'라고 하는 것은 여기서는 '확률적으로 추정·계산된다'라고 하는 의미다. 속도를 내서 얻을 수 있는 이득으로는 빨리 목적지에 도착함으로써 쾌적한 드라이브가 가능하다, (일정 속도까지라면) 연비가 좋다, (젊은 사람이라면) 동료들로부터 멋지게 보일 수 있다 등을 들 수 있다.

속도를 높이면 이득이 늘어나지만 한편으로는 그 이상으로 사고 리스크가 높아지기 때문에 예측되는 순익은 역 U자 곡선이 되고, 최적 속도는 역 U자의 정점에서 결정된다.

상황에 따라 '나쁜 결과'를 받아들이는 정도가 달라진다고?

 개개의 운전자가 목표로 하는 리스크 수준이 결정되면 아래의 그림 4-4와 같이 역피드백 기능에 의해 어떤 교통 상황에서의 주행 속도가 결정된다. 만약 속도 규제에도 단속에도 익숙해지면 각각의 운전자가 딱 좋다고 생각하는 속도로 자동차를 운전할 것이다. 그리고 그것은 각각의 사람이 가지고 있는 기대 효용 함수에 따라서도 다르며, 같은 사람이라도 자동차를 운전하는 목적이나 서두르고 있지는 않은지, 혼자서 달리고 있는지, 가족을 태우고 있는지 등에 따라 다를 것이다.

그림 4-4. 리스크 인지와 주행 속도의 서브 시스템

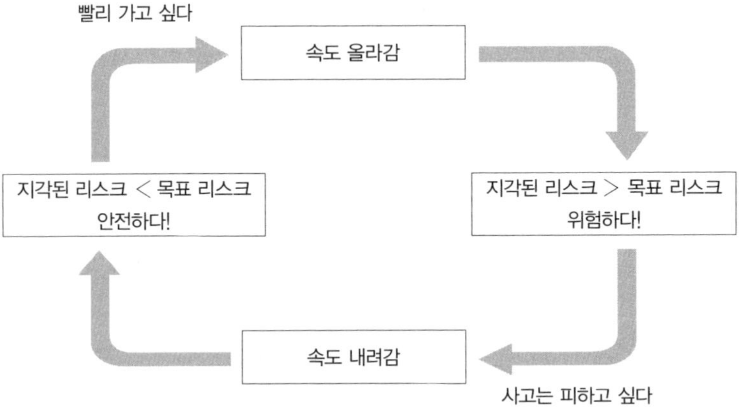

빨리 가고 싶다

속도 올라감

지각된 리스크 < 목표 리스크
안전하다!

지각된 리스크 > 목표 리스크
위험하다!

속도 내려감

사고는 피하고 싶다

'도련님'들이 사고를 많이 저지르는
이유가 있다고?

어느 나라, 어느 문화권에서든 젊은 남성은 용감함이나 대담함을 추구하는 경향이 있다. 젊은이들은 즐기기 위해 리스크가 높은 행동을 취한다는 생각도 든다. 젊은 남성의 교통사고율이 높고, 과속이나 폭주로 인한 사고를 일으키는 운전자가 많은 것도 특징이다. "무엇 때문에 이런 바보 같은 행동을 했어?"라고 말할 만한 행동으로 목숨을 버리는 것은 대체로 남성이다. 예를 들면 다음과 같다.

삿포로 시내의 무인 역에서 하교하던 남자 고교생 3명이 장난을 치다 화물열차 지붕 위로 올라가 2만 볼트의 가선(架線)에 접촉해 감전되어 중화상을 입는 사고가 발생했다(1999년 7월). 기타큐슈 시에서는 달리던 열차 창문을 통해 지붕으로 올라가려고 한 남자 고교생이 선로로 굴러 떨어져 마주 오던 열차에 깔려 사망하는 사고가 있었다(2006년 6월). 야마나시 현 후에우키 시의 한 초등학교에서는 점심시간에 6학년 남학생 10명이 잠겨 있던 체육관에 화장실 창문으로 들어갔다. 그중 1명이 체육관 안에 있던 책상을 사용해서 2층으로 올라간 후, 벽에 기대둔 사다리로 천장 밑으로 올라가자

천장이 무너져 바닥으로 떨어져서 중태에 빠졌다(2008년 5월). 도쿄 도 스기나미 구의 초등학교에서 5학년 남학생이 교실 옥상의 창문에 올라갔다가 아크릴 돔과 그 밑의 창문을 깨뜨리고 1층 바닥으로 굴러 떨어져 사망하는 사고가 일어났다(2008년 6월). 고치 현 시만도 하천에서 수학여행 중이던 남자 고교생 4명이 다리에서 뛰어내려 그중 1명이 익사하는 사고가 일어났다(2008년 8월).

죽은 사람이나 가족에게는 안타까운 일이지만 정말로 남자는 바보 같다. 나도 남자이기 때문에 젊었을 때는 바보 같은 짓을 많이 했다. 초등학생 때는 얕은 수로의 살얼음판 위를 걷는다거나, 중학생이 되어서는 연필에 철사를 연결하여 전기 콘센트에 접촉시켜 불꽃놀이를 하며 즐거워했고, 고등학생 시절에는 점토를 반죽하여 만든 항아리에 등유를 채우고 불을 붙이며 놀았다.

젊은 남성이 위험한 행동을 좋아하는 것은 진화행동학으로 설명할 수 있다. 리스크를 범하고 미지의 땅으로 모험 여행을 떠남으로써 새로운 비옥한 토지를 차지하기도 하고(여자친구를 만나기도 하고), 새로운 유전자를 손에 넣는 것도 가능하기 때문이다. 많은 젊은이가 그 때문에 목숨을 버리더라도 한 사람이 영웅이 되어 영토를 획득하면 그와 그의 부족(다시 말해 그와 공통의 유전자를 가진 사람들)의 자손들은 번성한다. 전쟁에서도 많은 젊은이가 죽지만, 승리하면 살아남은 동료들이 많은 자손을 남긴다. 그러나 동료를 위해서라고 하더라도 이성적으로 생각함으로써 자신의 목숨을 위험에 빠뜨리면 안 된다. 물론 젊은 남성은 으레 모험이나 싸움(경쟁)을 좋아하지만 말이다.

남성 독자 중 일부는 "아니, 그렇지 않아. 나는 젊었을 때부터 모험이나 싸움은 싫어해"라고 말할지도 모르지만, 남성 중 일부는 젊을 때 위험한 것을 즐긴다. 그와 같은 유전자, 예전의 영웅으로부터 물려받은 유전자가 확실하게 우리들의 유전자 풀에 일정 비율로 존재하는 것이다. 물론 이러한 유전자를 가지고 있더라도 현대의 평화로운 사회에 잘 적응하고 있으면 부모나 가족을 슬프게 하는 행동이나 타인에게 위해를 가하는 행동은 자제하고 있을 것이다. 그러나 이 책을 읽는 독자 중 누군가에게도 어쩌면 영웅 유전자가 숨겨져 있음이 틀림없다.

"스릴 만점!"의 결과가 "대형 사고!"라고?

리스크를 받아들이는 것이 쾌감으로 이어지는 현상에 대한 생리학적 근거는 없다. 많은 사람은 새로운 것, 새로운 물건을 좋아한다. 익숙하고 언제나 동일한 자극(사람이나 식물이나 영화)이나 활동은 안정감은 있어도 어딘가 부족하다고 느껴진다. 같은 것을 몇 번이고 반복하면 식상해진다. 새로운 자극이 자신의 마음에 들지 어떨지 알 수 없다. 새로운 활동은 잘 진행될지 아닐지도 알 수 없다. 그러한 불확실성, 즉 리스크가 존재한다. 이것이 사실은 즐거움인 것이다. 두근두근 설레게 하는 것이다. 유원지의 롤러코스터에서 괴성을 지르는 것도 즐겁고, 어느 편이 이길지 모르지만 스포츠 경기를 보는 것도 재미있다(결과를 미리 안다면 재미없지 않을까?). 공포영화도 도박도 꾸준히 인기가 있다.

리스크가 닥치면 무슨 일이 벌어지고 있는지 파악하는 능력이 올라가고, 그 때문에 뇌 속에서 카테콜아민(Catecholamine, 아드레날린의 기초가 되는 물질)이 분비되면서 그것이 쾌감으로 이어진다. 또한 리스크를 극복하고 상황을 파악하는 능력이 낮아지면 엔도르핀이 방출되어 다시 쾌감을 느끼는 것이다. 즉, 리스크는 '한 번에 두 번 맛을 느낄 수 있다'라고 하는 것이다. 모험을 좋아하는 젊은이든 스릴을 좋아하는 어른이든 리스크를 받아들이는 것이 즐거우면 보다 더 높은 수준의 리스크로부터 커다란 쾌감을 얻을 수 있게 된다. 리스크를 받아들이는 행동이 가져다주는 이득과는 별도로 리스크를 받아들이는 행동 그것 자체가 원인이 되는 효용을 '리스크 효용'이라고 한다.

이성적으로 생각해보더라도 리스크를 감수해도 될 만큼 결과에 따르는 효용이 높다면, 인간은 리스크가 아주 높은 행동을 피하려고 하지는 않을 것이다. 따라서 사고가 일어나는 것도 당연하다.

제5장

안전 의식 갖추기와 시스템 개선하기

가장 적절한 결정을 내렸는데 왜 에러가 날까?

먼저 단어의 정의에 대해 간단하게 설명하고자 한다. 본 장에서 '실패'는 사고, 피해, 손해, 손실 등 '나쁜 결과'를 가리킨다. '사고나 실패'에서 '실패'는 사고 이외의 것을 가리키는 것으로 해석하기 바란다. '에러'나 '미스'(여기서는 이 두 가지를 엄밀하게 구별하지 않는다)는 프로세스에서 인간의 행동이나 판단의 잘못을 가리킨다. 리스크란 '나쁜 결과가 일어날 가능성'이다. 그러니까 자동차 운전 등 사고가 일어날 가능성이 있는 행위를 하면 사고가 일어날 가능성을 피하기 어렵다. 그러나 리스크를 받아들이는 프로세스 어딘가에서 에러가 발생하면 자신에게 닥치리라 예상되는 리스크보다도 결과적으로는 더 큰 리스크가 닥침으로써 실패의 확률이 증가 된다.

다시 한 번 앞장의 '그림 4-2'를 살펴보자(그림 5-1에 다시 게재). 리스크를 받아들이는 데 이르는 프로세스로서 (1) 리스크 지각, (2) 리스크 평가, (3) 의사 결정, (4) 리스크를 회피하거나 받아들이는(taking) 행위 등 4단계를 제시했다. 이 각각의 단계에 어떤 에러가 있으면 실패의 확률이 높아지는지 살펴보자.

그림 5-1. 리스크를 받아들이는 데 이르는 프로세스(그림 4-2와 동일)

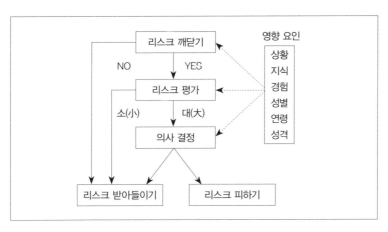

(1) 리스크를 지각하는 과정에서의 에러, 즉 리스크를 대강 넘겨버리는 데는 두 가지 측면이 있다. 리스크가 발생한 곳을 '위험

원(hazard)'이라고 부르는데, 문자 그대로 잘못 본다거나 잘못 들어가 손해를 보는 것이다. 걸으면서 길이 갑자기 푹 꺼진 곳을 알아차리지 못한다거나, 자동차를 운전할 때 차선 변경을 하기 전에 후방 사각지대에 있는 자동차를 미처 발견하지 못하거나, 비틀거리며 자전거를 타고 가는 노인을 보지 못한다거나, 호텔에 머물고 있을 때 푹 잠들어서 화재 경보를 듣지 못했다거나 하는 예가 그러하다.

또 하나는 물리적으로는 대상이 보이거나 들리지만 그것이 위험원이라고 생각하지 않는, 즉 거기에 리스크가 있다는 것을 몰랐을 경우다. 얇은 얼음이 표면에 얼어 있는 호수에 눈이 쌓이면 거기에 호수가 있다는 것을 모르는 사람들은 호수 위가 당연히 '땅'이라 생각하고, 즉 걷는 사람에게 리스크가 없으리라고 보기 마련이다. 앞장에서 소개한 임계 사고의 작업자들도 리스크를 지각하지 못하고 있었다.

'리스크 받아들이기'라는 말은 일반적으로 '리스크를 조심하면서 그 리스크를 받아들이는 것'이라고 정의할 수 있다. 하지만 리스크를 알지 못하기 때문에 결과적으로 리스크가 있는 경우에도 여기서는 '리스크 받아들이기'라고 부르기로 하자. 리스크를 받아들이고 있다는 자각이 없는데도, 현실적으로는 커다란 리스크를 받아들이고 있다면 실패의 확률은 높아질 것이다.

(2) 리스크 평가의 에러는 실제 리스크가 큰데도 작다고 느끼거나, 리스크가 작은데도 크다고 느끼고 있는 것이다. 말할 것도 없이 고(高)리스크를 작게 평가하는 쪽이 실패로 이어지기 쉽다. 이른바 '낙관'에 따른 미스다. 리스크의 과대평가는 너무 지나치게 신중한 행동, 겁이 많은 행동으로 이어지기 때문에 리스크를 받아들이고 행동할 경우에 예상되는 효용을 놓치는 결과로 이어진다. 사고 방지의 관점에서는 크든 작든 이익을 포기하더라도 신중한 행동이 필요하지만 말이다.

또한 리스크를 '정확하게' 평가했더라도 반드시 안전한 것은 아니라는 점에 유의하기 바란다. 어디까지나 결과가 불확실하다 보니 리스크를 받아들이면 나쁜 결과가 발생할 확률이 조금이나마 있고, 그것은 사고나 실패로 이어지는 경우도 있기 때문이다.

(3) 의사 결정 과정에서는 무엇이 바르고 무엇이 틀린가를 판단하기가 어렵다. 결과적으로 실패로 끝나거나 사고가 일어났다면, 뒤로 거슬러올라가 어디서 판단 착오가 일어났는지 확인하기 마련이다. 하지만 앞에서도 말한 것처럼 리스크는 확률이기 때문에 리

스크를 받아들인 것이 착오였다고 단정하는 것은 섣부른 생각이다. 그 시점에서는 가장 타당한 판단이었더라도 예기치 못한 사태와 마주한다거나, 만의 하나 '그런 일도 일어날 확률이 있으려나?'라고 생각했던 수준의 사태가 벌어져서 큰 손해나 대참사에 이르는 경우도 없다고는 할 수 없을 것이다.

(4) 리스크를 회피하는 행동 도중에도 에러를 범할 수 있다. 회피할 생각이 있었음에도 불구하고 기술이나 능력이 부족해서 회피할 수 없었다면 실패하고 만다. 리스크를 받아들인다지만 일반적으로 가능한 일을 하면서 실수할 때에도 실패에 이른다. 리스크를 받아들이거나 회피하는 행동 능력·기능은 다르게 말하면 리스크를 받아들일 것인지 회피할 것인지 같은 의사 결정에 영향을 미친다.

예를 들면 편도 1차선 도로에서 느리게 달리고 있는 노선버스를 추월할지, 하지 않을지 결정할 때 자신의 운전 능력에 대한 인지가 영향을 미친다. 즉, 자신의 운전이 서툴다고 생각하고 있으면 자제하고 버스 뒤를 따라가겠지만, 잘한다고 생각하면 맞은편 차가 오지 않는 틈을 노려 추월한다. 자신의 운전 능력을 과대평가하고 있으면 리스크를 받아들임으로써 사고를 일으킨다.

다른 예를 들어보면, 미식 축구에서 다운 1야드를 남겨둔 장면에서 펀트킥(punt kick, 손에서 공을 떨어뜨려 땅에 닿기 전에 차는 공격, 수비에 대처하기 쉬움—편집자 주)을 차서 리스크를 회피할까, 공격해서 퍼스트 다운을 할까 같은 의사 결정에는 '어느 정도의 확률이면 다운이 가능한가?'라는 자기 팀의(물론 상대 팀에 대해서의) 능력 평가가 관련되어 있다. 점수 차이나 남은 시간 등도 물론 중요한 판단 요인이지만. 그리고 그 상황에서 최적이라고 생각되는 의사 결정을 해서 작전을 선수 전원에게 전달하더라도(play call), (리스크를 감수했을 경우) 공격의 실수나, (리스크를 회피한 경우) 펀트킥의 실수로 어려운 상황으로 몰릴 가능성도 있을 것이다. 결과가 실패로 끝났더라도 리스크를 받아들일지 말지 같은 의사 결정이 반드시 틀렸다고 말할 수 없는 예도 있다.

'의도야 좋았지만'
여러 사람이 죽을 뻔했어!

산업 현장에서는 '안전 작업 매뉴얼 위반'처럼 안전을 해치는 행동을 '불완전한 행동'이라고 부른다. 높은 곳에서 작업할 때에 안전띠(생명줄)를 사용하지 않는다거나, 감전 우려가 있는 작업을 하면서도 장갑을 착용하지 않는다거나, 정해져 있는 보호 헬멧이나 안전화를 착용하지 않은 채 작업하는 것이 그러하다. 일전에 방문한 화학 플랜트에서 실제로 일어난 인재 사고 사례에서는 염소가스 누설 경보가 울렸을 때 가스 마스크를 착용하지 않고 냄새로 가스 누설 장소를 찾으려고 하던 작업자가 염소가스를 마시고 호흡 곤란으로 쓰러졌다고 한다. 다행히도 목숨은 건졌지만 안전 매뉴얼을 위반한 매우 위험한 불완전한 행동이다.

불완전한 행동으로는 무심코 실수하는 일처럼 의도하지 않은 에러를 포함하는 경우와 포함하지 않는 경우가 있다. 다시 말해 "결과적으로 위험한 행동이었다면 행위의 의도에 관계없이 불완전한 행동이라 볼 것인가? 아니면 행위의 결과가 아닌 의도에 주목해서 불완전한 행동이라 생각할 것인가?"이다. 나는 이전에 저술한 책에서 후자의 입장을 취했고, 불완전한 행동을 '본인 또는 타인의 안전을 저해할 의도는 없지만, 본인 또는 타인의 안전을 저해할 가능성이 있는 행동이 의도적으로 행해진 것'이라고 정의했다. 여기서 '본인 또는 타인의 안전을 저해할 의도는 없지만'이라고 전제한 것은, 만약 본인이나 타인의 안전을 저해할 의도를 가지고 행위를 했다면, 그것은 범죄 행위이기 때문이다. 즉, 그런 행위는 불완전한 행동의 범주에 포함되어서는 안 된다고 생각하기 때문이다.

그림 5-2. 불완전한 행동과 에러와 사고의 관계

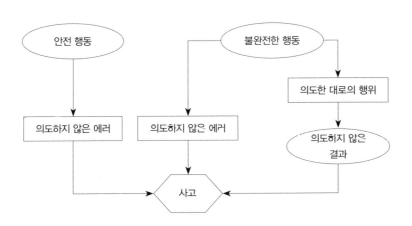

작업 중의 불완전한 행동에도 그것을 행하는 본인에게는 어떤
이익이 있다. 작업량을 줄인다거나, 시간을 단축할 수 있다거나,
멀리 돌아가지 않고 간단하게 처리할 수 있어서 좋다든가, 더위에
고통스럽거나 갑갑하지 않다거나, 작업을 편하게 할 수 있다는 것
등이다. 따라서 불완전한 행동은 리스크를 받아들이는 행동 중
하나라고 생각할 수가 있다.

98쪽의 그림 5-1(또는 84쪽의 그림 4-2)에서 '리스크를 받아들
일까(불완전한 행동을 한다), 회피할까(안전 행동을 한다)'를 선택한
후에, 의도하지 않은 에러가 일어났을 때 사고의 가능성이 높아지

게 된다(그림 5-2). 사고는 리스크를 회피했을 경우에도 일어날 수 있고, 가장 합리적인 판단의 결과로서 리스크를 받아들일 경우에도 일어날 수 있다. 이것은 앞에서 언급한 내용 그대로이다.

그러나 불완전한 행동은 다음과 같은 점에서 사고 및 에러와 밀접한 관련이 있다.

(1) 의도하지 않는 에러의 확률을 높인다.

예를 들어, 제한 속도 시속 40km인 커브를 60km로 돌파하려고 하면 핸들 조작을 실수해서 커브를 돌리지 못할 가능성이 증가한다.

(2) 에러가 사고로 이어지는 확률을 높인다.

예를 들어, 높은 곳에서 작업할 때 안전띠를 하고 있으면 발을 헛디뎌도 사고를 모면할 수가 있지만, 그렇지 않으면 굴러 떨어져서 인재 사고가 된다.

(3) 사고가 일어났을 때 피해를 크게 키운다.

예를 들어 오토바이 운전자가 헬멧을 쓰지 않고 굴러 넘어지게 되면 생명이 위험할 수준의 커다란 상해를 입지만, 헬멧을 쓰고 있다면 타박상이나 골절상 정도에 그칠 수도 있다.

(4) 사고 방지 대책을 무력화한다.

한 사람이 실수를 하더라도 사고로 이어지지 않도록 다양한 고민과 연구 끝에 나온 결과가 녹아 있는 안전 절차를 위반함으로써 애써 만든 대책이 헛일이 된다.

안전 매뉴얼을 지키지 않는 이유가 뭘까?

앞에서 논의한 불완전한 행동은 대부분이 말 그대로 '위반'에 관한 이야기라고 생각해도 좋다. 그러나 엄밀하게는 위반과 불완전한 행동은 다르다. 산업 현장에서는 불완전한 행동이 일어나지 않도록 하기 위해 작업 매뉴얼에 따라서 행동하도록 규정되어 있다. 그렇기 때문에 불완전한 행동을 받아들이려는 것은 대개 필연적으로 작업 매뉴얼을 위반하는 셈이 된다.

여기서 위반, 불완전한 행동, 리스크 받아들이기 같은 행동의 관계를 정리해 보자(그림 5-3).

그림 5-3. 위반과 리스크 받아들이기와 불완전한 행동의 관계

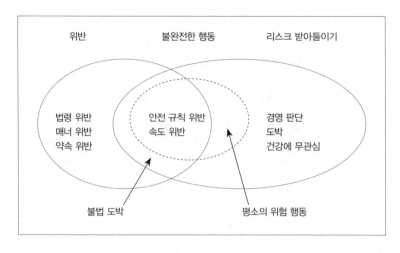

불완전한 행동은 사고 리스크를 높이는 행동이기 때문에 위반과 리스크 받아들이기가 겹치는 부분의 일부(안전 규칙 위반이나 스피드 위반)와, 위반은 아니지만 리스크 수용 행동인 부분의 일부(일상의 위험행동 등)로 구성된다.

리스크 받아들이기는 사고 리스크 이외에 경제적 리스크나 건강 리스크를 받아들이는 것도 포함한다. 그래서 다양한 경영 판단, 복권이나 마권(馬券)을 사는 것과 같은 합법적인 도박, 식사·수면 같은 건강 관리에 무관심하다는 것 등은 불완전한 행동 중에서도 위반이 아니라 리스크 받아들이기다. 블밥 도박은 위반이면서 동시에 리스크 받아들이기지만 불완전한 행동은 아니다.

그림 5-3의 왼쪽 그림에 있는 행동 그룹은 리스크 받아들이기가 아닌 위반 행위다. 그러나 법률을 위반한 것이 발각되면 처벌을 받고, 매너나 약속을 어기면 인간관계가 타격을 받거나 자신의 신뢰·신용을 떨어뜨릴 가능성이 있다. 그래서 그러한 의미의 리스크를 범하고 있는 셈이 된다. 그러나 이와 같은 리스크까지 리스크 받아들이기에 포함시키게 되면 인간의 행동은 모두 '리스크 받아들이기'가 되어버리고 말 것이다. 따라서 여기서는 리스크 받아들이기를 사고 리스크, 경제적 리스크, 건강 리스크를 높이는 행동으로 한정해두기로 하자.

리스크 받아들이기든 아니든, 규정(rule) 위반이 쉽게 일어나도록 하는 요인으로서 다음과 같은 5가지를 들 수 있다.

(1) 규정을 모른다.

의도적 위반은 아니지만 규정을 모르면, 규정을 안 지킬 생각이 없더라도, 규정을 아는 사람이나 임원에게서 지적받을 가능성이 있다.

(2) 규정을 이해하고 있지 않다.

왜 그렇게 하지 않으면 안 되는지 알지 못한다면 규정을 쉽게 보고 위반 관련 기준을 낮춰서 볼 때가 있다.

예를 들어 시간을 단축해야 한다는 압력, 원가를 절감해야 한다는 압력이 강한 현장에서 정해진 작업 절차를 생략하는 경우가 있다. 그 절차가 왜 필요한지, 그 절차를 생략하면 어떤 리스크가 발생하는지에 대해 충분히 이해하고 있으면 위반하기 어렵다. 나는 뒷좌석 안전벨트 착용 의무와 유아용 시트 사용에 대해서 안전상의 중요성을 더욱 강조하고 계몽하여 이해시키는 노력이 필요하다고 느끼고 있다.

(3) 규정을 납득하지 못하고 있다.

규정이 과도하게 엄격하다, 또는 불공평하다고 느끼게 되면 깨지기 쉽다. 어느 도로 구간의 제한 속도나 주차 금지를 납득할 수 없는 운전자는 단속이 없다고 생각하면 위반을 한다. 전철 안에서 스마트폰으로 통화하는 것에 대해서도 차내에서 승객들끼리 대화를 하는 것과 마찬가지가 아닌가 하고 생각하기 때문에, 이러한 금지가 지나치게 엄격하다고 느끼는 사람은 큰소리로 통화하는 것을 자제해달라는 방송이 나와도 멈추지 않는다.

(4) 모두가 지키지 않는다.

사원 연수에서 배운 규정(예를 들어 복명복창)도 직장의 선배나 동료 들이 아무도 실천하지 않는다면 혼자서 지키기가 결코 쉽지 않다. 전철역 홈에서 줄을 서서 기다리고 있을 때에도 옆에서 새 치기하는 승객이 많다면 오히려 성실하게 줄을 서는 자신이 바보같아진다. 대부분의 사람이 규정을 따르도록 지속적으로 더욱 강력하게 추진하면서 직장의 풍토, 사회의 풍토를 변화시켜나가지 않으면 안 된다. 규정 위반을 묵인하고 있으면 규정을 무시하는 풍조가 순식간에 확산되어버릴 것이다.

(5) 지키지 않아도 주의를 받거나 처벌을 받지 않는다.

규정을 따르도록 강력하게 작용하는 수단으로 위반자에 대한 주의나 처벌이 있다. 이것들은 안타깝게도 '협조·부탁'보다도 효과적이고 즉효성이 있다는 것을 인정하지 않을 수 없다.

전철역 앞에 방치된 자전거나 전철에서 스마트폰 사용이 없어지지 않는 것은 앞에서 언급한 (4)와 (5)의 요인이 크다고 생각한다. 음주 운전에 대한 처벌과 단속을 강화함으로써 음주 운전에 의한 사망 사고를 줄이는 데 성공했다. 다만 뺑소니가 증가한다는 부작용이 일어난 것은 매우 안타깝다.

운전자의 능력과 교통 환경 개선 중
무엇이 먼저일까?

교통사고가 왜 일어나는가에 대한 발생 모델에는 서로 다른 입장 2개가 존재한다. 하나는 스킬 모델이고, 다른 하나는 인지 모델이다(그림 5-4).[2]

스킬 모델에서는 "교통 환경의 곤란도(순간적인 돌발 상황에 대처하는 데 대한 어려움의 정도)가 운전자의 스킬을 상회했을 때에 사고가 일어난다"라고 생각한다. 이 문제를 해결하려면 운전자의 스킬을 높이거나, 교통 환경의 곤란도를 낮추면 된다.

그림 5-4. 교통사고 발생에 관한 스킬 모델과 인지 모델

운전자의 스킬을 높이는 대책으로 운전면허 취득 전에는 교육·훈련을, 취득 후에는 학습 등을 충실히 시키는 것을 생각할 수 있다. 하지만 이것들이 사고 방지 효과를 거둘 수 없었던 것은 제2장에서 언급한 바와 같다. 또 하나는 스킬이 부족한 운전자가 운전을 할 수 없게 하는 방책도 있을 수 있다. 운전 적성 검사 등을 엄격하게 해서 적성이 없는 사람에게는 면허를 발급해주지 않고, 사고를 반복하는 운전자의 면허는 취소하는 것과 같은 제도 개선이 교통 안전에 도움이 된다는 것이다. 이 점에 대해서는 제8장에서 개인차의 문제를 논의할 때 함께 생각하도록 하자.

교통 환경을 개선하려면 도로의 시야를 좋게 하거나, 차선의 폭을 넓히거나, 교차점에 신호기를 설치하거나, 야간용 조명을 밝게 하거나, 자동차의 조작 성능을 높이는 것과 같은 방법이 있다. 제2장에서 나는 "교통 환경이 운전자의 대처 능력을 넘어버렸을 때 일어나는 사고를 방지하기 위해서, 운전자 측의 대처 능력을 높이는 것보다도, 교통 환경을 개선하는 대책이 효과적이라고 생각한다"고 말했다. 그러나 제3장에서 언급한 것처럼 도로나 자동차의 안전성을 높이더라도 운전자가 리스크를 높이는 방향으로 행동이 변화되면 의미가 없어져버린다.

인지 모델에서는 교통 환경의 곤란도를 바르게 인지할 것, 그 인지에 근거하여 행동을 결정할 것, 그리고 그 행동을 의도한 그대로 실행하는 것이 중요하다고 생각한다. 이런 인지, 판단, 실행이 매끄럽게 흘러가지 않으면 사고가 일어난다고 생각한다. 예를 들어 교통 환경에서 곤란도가 높더라도, 운전자가 운전에 미숙하더라도, 그 상황에 맞춰 운전을 하고 있으면 사고는 일어나지 않는다.

따라서 교통안전 대책으로는 운전자가 교통 환경을 인지하는 능력을 훈련시키고 자기의 운전 기술을 바르게 인식하게끔 하는 데 중점을 둔다. 예를 들어 공원 옆을 지날 때는 어린이가 달려 나올지 모르기 때문에 경계하고, 우회전하는 대형차의 뒤에 직진하는 소형차나 오토바이가 가려져 있을 가능성이 있다는 것과 같은 위험 예측 능력을 높이는 훈련이 도움이 된다고 생각한다. 또한 노인에게는 자신의 반응 속도나 시력이 떨어지고 있다는 것을 스스로 깨닫게 하는 테스트 등을 받게 하여 자신의 운전 능력이 줄어들었음을 알게 함으로써 그 줄어든 실력에 맞춘 운전 스타일을 지도한다는 아이디어도 있다.

그러나 운전자는 교통 환경에 수동적으로 대응하고 있을 리가 없다. 어쩌면 운전을 하면서 교통 환경을 스스로 만들어내고 있는 것이다. 동일한 도로에서도 시속 40km로 달리는 것보다 60km로 달리는 쪽이 운전 곤란도가 더 높다. 느리게 가는 자동차가 앞에 있어도 천천히 조심스럽게 추월하기가 어렵지 않다. 하지만 지금 당장 무리하게 추월한다거나 차선 변경을 하려고 생각하기 때문에 사고 리스크가 높아진다. 따라서 나는 '스킬 모델'과 '인지 모델' 양쪽 모두에 각각 불충분한 점이 있다고 생각한다.

운전자는 실제로 이런 행동을 한다고?

운전 행동이 운전자 자신을 둘러싼 교통 환경을 변화시켜, 그로 인해 교통 환경에 지워지는 부담이 늘어나거나 줄어든다는 사실을 그림 5-1의 모델에 적용한 것이 그림 5-5이다.

그림 5-5. 교통 환경에서 작동하는 운전자의 행동 모델

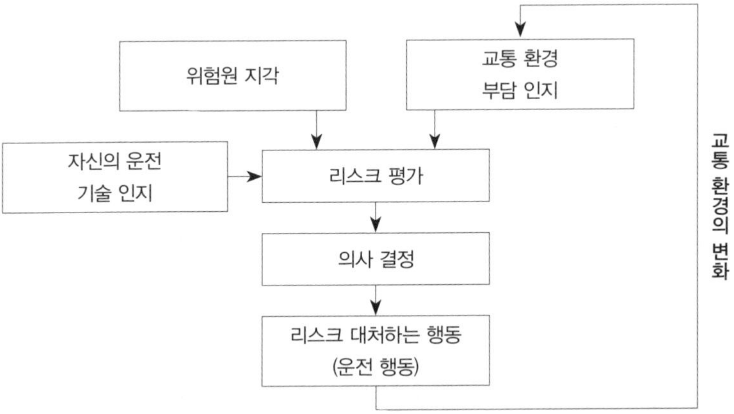

제4장에서 '리스크 인지와 주행 속도의 서브 시스템'이라는 모델을 주장했지만(90쪽의 그림 4-4), 그것은 그림 5-5를 속도 조절에 한정한 다음 간단하게 만든 것으로 해석할 수 있다.

휴먼에러(인재)를 분석하여 시스템을 개선한다고?

사고의 원인으로 최근에 가장 많은 주목을 받았으며, 그 대책 마련에 힘을 기울여온 것이 휴먼에러다.

휴먼에러의 개념은 1970년대경부터 신뢰성 공학, 인간 공학(human factors)의 영역에서 빈번하게 사용되어왔다. 신뢰성 공학에서는 시스템을 구성하는 부품의 고장 확률이나 그 조립 방법에서 시스템 전체의 신뢰성을 계산하지만, 시스템을 조작하거나 수리하는 인간에게도 신뢰성의 수치를 할당한다. 어떤 조작의 에러 확률이 0.01이라면 신뢰성은 0.99라는 식이다. 여기서 사용되는 전형적인 휴먼에러의 정의는 '시스템에 의해서 정해진 허용 한계를 넘어버리는 인간 행동 집합의 임의의 한 요소'이다.[3] 인간 행동의 좋고 나쁨(에러인지 그렇지 않은지)의 기준은 시스템에 의해 결정된다는 것이다.

휴먼에러가 주목받게 된 이유 중 하나로 공학 기기의 신뢰성 향상을 들 수 있다. 기계 부품이 잘 고장나지 않게 되었기 때문에 사고 원인 전체에서 인간의 조작 실수가 차지하는 비율이 증가했기 때문이다.

또 다른 이유는 시스템이 복잡화·거대화되어 하나의 실수가 커다란 피해로 이어지게 되었기 때문이다. 나사 하나 조이는 것을 놓쳐버린 결과는 자동차라면 몇 명의 피해로 끝나지만, 고속 열차나 비행기라면 수백 명의 목숨이 사라지는 것으로 이어진다.

"사고의 많은 부분이 휴먼에러에 의해 일어나고 있다. 그렇기 때문에 설비가 아닌 인간의 의식이나 주의력을 높이는 것으로 사고를 방지할 필요가 있다"고 주장하는 사람도 있다. 하지만 그것은 휴먼에러라는 개념을 오해한 것이다. 휴먼에러는 시스템 속에서 활동하는 인간이 시스템의 요구에 대응하지 못했을 때 일어나는 것이기 때문이다. 대책은 당연히 설비를 포함한 시스템 전체를 놓고서 생각해야 한다. 이러한 의미에서 휴먼에러는 실패나 무심결에 발생한 실수와는 다르다. 휴먼에러는 시스템 속에서 일어나는 인간의 판단이나 행동의 실패인 것이다.

시스템이란 무엇일까? 여러 구성 요소가 목적을 위해 결합하고 서로 협조하여 작동하고 있는 존재다. 항공·철도·도로 교통망·화학 플랜트 등이 거대한 시스템의 전형적인 예다. 금융, 보험, 인터넷 등 기계 시스템보다도 컴퓨터나 룰(rule, 규칙)의 비중이 큰 시스템도 있다. 거대한 시스템 중에는 부품으로서의 서브 시스템도 존재한다. 예를 들어 도로 교통 시스템의 서브 시스템으로서 자동차(운전자를 포함), 교통 신호, 도로, 경찰 등을 들 수 있다.

시스템의 구성 요소를 S(소프트웨어), H(하드웨어), E(환경), L(인간)으로 분류해서 L의 퍼포먼스는 다른 시스템 요소와 관계가 좋은지 나쁜지에 의존하는 것을 나타내고 있는 것이 'SHEL 모델'이다. 네덜란드의 항공사인 KLM의 기장으로 '휴먼팩터'의 입장에서 항공 안전을 연구한 F. H. 호킨스가 처음 주장했다.

그림 5-6. m-SHEL 모델

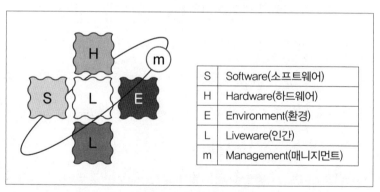

S	Software(소프트웨어)
H	Hardware(하드웨어)
E	Environment(환경)
L	Liveware(인간)
m	Management(매니지먼트)

중앙의 L이 자기 자신이다. L이 다른 시스템 구성 요소들을 조종해서 기술이 잘 발휘될 수 있도록 하기 위해 m(매니지먼트)을 작동시킨다.

그림 5-6은 그 개량판으로 자신을 나타내는 중앙의 L이 다른 시스템 요소와 주변의 L(다른 인간, 공동작업자 등)을 코디네이트(coordinate, 조정하고 관리)하도록 m(매니지먼트)이 주변을 돌게 하고 있다. 'm-SHEL Model'이라고 불린다.

하지만 위반이나 불완전한 행동은 신뢰성 공학의 정의에 비추어 보면 휴먼에러 중 하나다. 시스템이 허락하지 않는 행동인 것이다. 왜냐하면 그 행동이 시스템 전체의 퍼포먼스에 악영향을 줄 가능성이 있기 때문이다. 그러나 무심결에 발생하는 실수나 의도하지 않았던 나쁜 결과를 초래한 판단·결정은 의도적인 위반이나 불완전한 행동과는 심리적 요인이나 프로세스가 크게 다르다. 따라서 그 대책도 달라진다.

휴먼에러를 어떻게 정의하느냐에 달려 있지만, 일반적으로는 휴먼에러는 모범적이고 착실한 작업자가 성실하게 임무를 수행하고 있을 때 의도하지 않았는데도 범하고 마는 실패를 가리킨다. 그렇기 때문에 의도적으로 범하게 되는 위반이나 위험을 인식하면서 감행하는 리스크 받아들이기와는 구분해서 생각하는 편이 좋다.

104쪽의 그림 5-2에서 '의도하지 않는 에러'는 휴먼에러다. 한편 불안전한 행동, 다음에 기술하고 있는 '의도대로의 행동'은 신뢰성 공학적으로는 휴먼에러에 포함될지도 모르지만, 나는 휴먼에러와는 별개라고 생각한다.

114쪽의 그림 5-5에 제시한 운전자의 행동을 생각하면 위험원을 파악하고, 교통 환경 부담을 인지하고, 사고로 연결된 운전 기술을 인지하며, 리스크를 평가하고, 의사를 결정하며, 리스크에 대처하는 행동 각각에서 의도하지 않은 실패(휴먼에러)가 자칫하면 일어나 교통사고로 이어질 수 있다.

제6장

대참사의 원인은
리스크에 대한 착각과 오해

무엇이 리스크인지 알아차릴 수 있을까?

애초부터 인간은 리스크를 어떻게 자각할까? 리스크를 '바르게'
자각하는 것이 가능할까?

스웨덴은 1997년부터 '비전 제로(vision zero)'라는 교통안전 대
책을 정부 주도로 추진하기 시작했다. '비전 제로'란 교통사고 사
망자 수 "0"을 가리키는 도전적인 프로젝트다. 그 내용은 이 책에
서는 다루지 않지만, '비전 제로' 캠페인에 사용된 매우 흥미로운
그림이 있다(그림 6-1).[1]

그림 6-1. 거리 교통의 진정한 리스크

출처: Swedish National Road Administration, 2002

그림에서는 깊은 벼랑의 가장자리를 걸어가거나 깊은 낭떠러지에 걸쳐 있는 좁은 나무판 위를 걸어가는 사람들이 보인다. 인간은 원시 시대부터 또는 까마득한 옛날, 그러니까 인류가 탄생하기 이전인 진화의 단계에서부터 높은 곳에서 떨어지는 리스크를 직감적으로 느끼는 능력을 직접 체험하면서 깨달아왔다. 높은 나무

위나 벼랑 위에서는 떨어지지 않도록 세심한 주의를 기울이면서 행동하지 않으면 추락해 사망함으로써 후손을 남길 수 없다는 사실을 파악했을 것이다. 그러나 이제 겨우 약 100년 밖에 겪어보지 않은 자동차가 가지고 있는 리스크를 인간이라는 생물들은 아직 자각할 수 없다. 인간은 전력으로 질주해도 시속 36km(100m에 10초)가 한계다. 시속 100km로 달릴 때의 리스크나 1톤의 쇳덩어리가 바로 옆을 빠르게 지나가는 리스크 등을 직감적·본능적으로는 지각할 수 없다는 것이다.

하지만 심리학에서는 '지각(perception)'과 '인지(cognition)'를 분리해서 사용하는 습관이 있다. 인지 쪽이 지각보다 조금 더 높은 수준의 뇌의 활동을 요구한다는 것이다. 비유하자면 '빨간색은 지각하는 것이라면, 적신호는 인지하는 것'이라고 말할 수 있다. 그러나 일본의 심리학자가 생각하는 만큼 영어는 뜻이 엄밀하게 구분되지 않는 것 같다. 왜냐하면 리스크에 대해서는 영어로 '리스크 깨닫기(risk perception)'라 말하지, '리스크 인지(risk cognition)'라고는 하지 않는다. "저 사람은 이런 사람이다"라고 타인의 인상을 형성하는 것은 '개인 지각(personal perception)'이다. 그러나 지각과 인지의 구별에 신경을 많이 쓰는 일본의 심리학자는 '리스크 깨닫기'를 '리스크 인지', '개인 지각'을 '대인 인지'라고 번역할 때가 많다. 특히 이번 장에서 소개하는 리스크에 대한 사회심리학적인 접근에서는 '리스크 인지'라는 용어가 일반적이기 때문에 그것을 사용하기로 한다.

어쨌든 우리에게는 색을 지각하는 것이 가능하게 해주는 유형의 리스크, 예를 들어 높은 곳, 활활 타오르는 불꽃, 눈앞에 나타난 맹수(또는 칼을 든 남자)도 있지만, 우리들의 문명이 만들어버린 보다 더 엄청난 리스크도 많다. 그리고 그것들은 좀 더 고차원의 뇌 기능을 사용해서 인지하지 않으면 안 된다는 것이다.

잘못된 안내 방송이 피해를 키웠다고?

고차원적인 뇌 기능은 본능적인(저차원의) 행동을 억제할 수가 있다. 그것은 사회생활을 하는 데 없어서는 안 될 능력이지만, 리스크와 관련해서는 때로는 엉뚱한 결과로 나타나 목숨을 잃게 만들 수 있다.

2003년 2월 18일, 대구에서 일어난 지하철 화재로 198명의 사망자와 148명의 부상자가 발생했다. 화재는 한 남자가 열차 내에서 휘발유를 뿌리고 분신자살을 기도하면서 시작되었다. 대참사는 반대편 열차가 전철역 바로 옆 노선으로 들어와 정차하면서 대부분의 문이 열리지 않아 승객들이 움직일 수 없게 되어 일어났다. 사망자의 대부분은 반대편 열차의 승객이었다.

이때 승객이 열차 내부의 모습을 찍은 사진 몇 장이 매스컴을 통해 알려졌다. 연기가 열차 내부에 가득 차고 있는데도 많은 승객이 의자에 앉은 채 탈출하려는 시도조차 하지 않았던 것이다. 승무원이 "잠시 기다려 주세요"라고 방송한 것도 승객의 피난을 지연시키는 요인이 되었다.[2] 그리고 결국 승객들이 위험하다고 느꼈을 때에는 이미 늦어버린 것이다.

이처럼 리스크에 직면한 사람들이 '그런 중대한 사고가 일어날리 없다'라고 생각하거나 리스크를 과소평가하는 경향이 있다는 것을 '정상화 성향(normalcy bias)'[3]이라고 한다. '정상화 편견(正常化 偏見)' 등으로 해석하는 사람도 있지만, '편견'이라는 말은 오해를 부른다. 여기서의 'bias'란 비뚤어지거나 일그러진 상황이 보이는 것, 즉 기울어진 사태를 인식하는 것이다.

화재 같은 재해 시에 사람이 어떻게 행동할까를 연구해보면 이

---

3) 재해심리학(災害心理學)에서 재해 관련 정보는 제때에 전달되었으나, 주민이 그에 따른 피난 행동을 즉시 시작하지 않는, 즉 '나만은 괜찮겠지' 하는 안이한 생각을 일컫는 말이다.

'정상화 성향'이 얼마나 강하게 사람들을 지배하는지를 알 수 있다.

1980년 11월에 일본 도치기 현의 가와지 온천에서 일어난 가와지 프린스 호텔 화재에서는 비상벨이 울린 후에 종업원이 "이것은 테스트니까 안심해도 좋습니다"라고 잘못된 방송을 했다. 이로 인해 많은 투숙객이 피난할 기회를 놓쳐 45명이 사망했다.

화재가 시작된 것은 도쿄에서 2개의 노인회 회원들이 관광버스로 막 도착했을 때였다. 각자의 방에서 녹자를 마시면서 느긋하게 쉬고 있을 때 비상벨이 울렸다. 그 와중에 한 노인회의 남성 리더가 상황 파악을 위해 복도로 나와보니 계단 부근에서 어렴풋이 연기가 올라오는 것을 발견했다. 그는 같이 온 회원들에게 소리쳐 별도의 계단으로 피난했다. 그러나 또 다른 노인회 회원들은 모두 한가로이 녹차를 마시고 있었다. 그리하여 여러 명이 테이블을 둘러싼 채 연기를 마셔 숨을 거두고 말았다.[3] 상황을 잘 확인하지도 않고서 실제 상황이 아닌 테스트라고 잘못 방송한 종업원도 '정상화 성향'에 사로잡혀 있었음에 틀림이 없다.

JR 홋카이도의 세키쇼우센 제122터널에서 2011년 5월에 일어난 특급 열차 화재 사고를 보면 이때에도 승무원이 '정상화 성향'에 사로잡혀 있었을 것이라고 생각된다. 운전사는 연기가 보였지만 불꽃은 보이지 않는다고 지휘자에게 연락했고, 지휘자는 승객들에게 열차 내에서 대기할 것을 지시했다. 그리고 연기가 열차 내에 자욱해서 숨쉬기가 어려울 때에도 긴급 사태가 일어나고 있다는 것을 인식하지 못했다. 승무원은 승객들에게 열차 내에서 대기하도록 방송한 후에 혹시나 해서 터널 출구까지 걸어갈 수 있는지 조사하기 위해 열차를 빠져나왔다. 승객들은 잠시 동안 열차 내에 방치되고 말았던 것이다.

이때 승객들이 스스로 열차의 문을 연 다음 모두가 한치 앞도 안 보이는 어두운 터널 속을 걸어서 빠져나올 수 있었던 것은 불행 중 다행이다. 젊고 행동력 있는 승객이 많았기 때문일지도 모른다.

재난 경고를 무시해서 피해를 키웠다고?

2011년 3월 11일 동일본 대지진 당시 쓰나미가 몰려올 때도 뜻밖에 피난하려고 하지 않았던 사람이 많았던 것은 제1장에서 언급했다.

이와 관련하여 일종의 우발적인 '사회 실험'이라고 불릴 만한 사건이 있었다. 그것은 1981년에 가나가와 현 히라츠카 시에서 일어

났다.[4]

히라츠카 시는 「대규모 지진 대책 특별 조치법」에 의거하여 1979년에 지정된 '태평양 지진에 관한 지진 방재 대책 강화 지역'에 속한다. 지진 예지 정보에 따라 태평양 쪽에서 지진이 곧 발생할 것이라고 판단되었을 때, 내각총리대신(총리)은 지진 방재 대책 강화 지역에 대해서 경계 선언을 발령하도록 되어 있다. 그러나 만약 경계경보가 발령되면서 방재무선(防災無線)[4]이나 TV·라디오를 통해 지진이 발생했다는 사고 소식을 전달받으면 주민들이 혼란이나 패닉 상태에 빠지지 않을지 걱정하고 있었다.

1981년 10월 31일 밤, 히라츠카 시내 45곳에 설치되어 있던 옥외 스피커에서 매일 밤 9시에 흘러나오던 슈베르트의 가곡 〈들장미〉의 연주 소리가 돌연 그치더니 시장의 목소리로 다음과 같은 메시지의 방송이 시작되었다.

"시민 여러분, 저는 시장 이시가와입니다. 방금 내각총리대신으로부터 대규모 지진 경계경보가 발령되었습니다. 제 말을 냉정하

---

4) 방재무선은 관공청(官公廳)에서 사용하는 사람의 목숨과 관련된 통신이 가능하게 하기 위하여 정비된 전용 무선통신 시스템이다. 공중통신망의 불통·상용 전원의 정전 같은 경우에도 사용 가능하도록 정비되어 있다. 비슷한 뜻으로 "주민들에게 위급 상황을 알린다"고 하여 동보무선(同報無線)이라고도 한다.

게 들어주십시오. 현재 히라츠카 시는 경계 본부를 설치하고 홍보 활동, 이른바 선동·유언비어 대책과 교통 통제 같은 대책에 전력을 기울이고 있습니다. 시민 여러분도 꼭 협력해주시기 바랍니다. 어떤 일이 있어도 시민 한 사람 한 사람의 냉정한 행동이 지금부터 대책의 실마리가 될 것입니다. (중략) 지진에서 가장 무서운 것은 화재에 의한 재해입니다. 화기의 사용을 자제해주십시오. 지금 그 자리에서 음료수, 식료품, 의약품 등을 확인하시고 언제든지 피난할 수 있도록 준비해주십시오. 다시 한 번 당부드립니다. 불안 사항이 몇 가지 있을 것이라 생각하지만 시에서는 계속 정보를 알려드리오니 여러분은 당황하지 마시고 냉정하게 행동해주십시오."

그러나 이것은 시청 직원이 장치를 잘못 조작해 발생한 오보였다. 그래서 시장의 메시지가 끝나고 약 18분 후인 9시 25분에 "조금 전에 방송한 동쪽 바다 지진의 경계경보 발령은 기계 조작 실수였습니다"라는 방송이 반복해서 흘러나왔다. 이 18분간에 사람들은 어떻게 행동했을까? 시장이 미리 녹음한 메시지의 내용을 보면 당국이 패닉 발생을 얼마나 무서워하고 있는지 짐작할 수 있다. '냉정'이라는 말이 3번이나 나오고, 전체 톤은 '신속히 피난 준비를 하라'는 내용이 아니라 '우선 침착하게 다음 정보를 기다리라'라는 뉘앙스다.

도쿄 대학 신문연구소는 2일 후 히라츠카 시에서 인터뷰 조사를 시작해 11월 중순부터 하순까지 히라츠카 시민 2,400명을 대상으로 설문지 조사를 실시했다.[5] 응답 회수율은 75%였다.

그날 밤 9시에 히라츠카 시내에 있었던 사람은 남성 응답자 중 85%, 여성 응답자 중 90%였다. 그 가운데 방재무선으로 '경계경보'를 들은 사람은 14%, 다른 사람을 통해서 전달받은 사람은 8%였다. 따라서 78%의 사람에게는 '경계경보'가 전달되지 않았다는 것을 의미한다.

그러면 방송을 들은 사람은 어떻게 반응했을까? 어이없게도 많은 사람들은 믿지 않았던 것이다!

'경계경보'가 발령된 것을 '믿었다'라고 답한 사람은 직접 동보무선을 들은 사람 중 17.5%밖에 없었다. 그리고 37.7%는 '반신반의했다'라고 응답했고, '일종의 오류라고 생각했다'라고 답한 사람이 25.1%, '경계경보가 발령되었지만 지진이 오리라고는 생각하지 않았다'라는 사람이 16.1%였다.

믿지 않았던 이유를 자유 기술 형식으로 받았는데, 가장 많았던 것이 "TV·라디오에서 방송하고 있지 않았다", 두 번째가 "내용이 잘 들리지 않았다", 세 번째가 "가까운 이웃이 침착해 보였기 때문에"였다. 매스컴 정보가 얼마나 사람들로부터 신뢰를 받고 있는지를 알 수 있다(이것은 그 나름대로 곤란한 문제였다고 나는 생각하지만). 또한 '주변 사람들이 침착하게 있으니까 괜찮겠지'라고 근거도 없이 생각하는 것은 '정상화 성향'의 전형적인 사례다. 경보가 울리더라도 주위 사람의 반응을 보면서 각자는 내심 불안한데도 행동을 하지 않아 대피할 기회를 놓치고 마는 것이다. 그 외 답변 중에도 "훈련이나 테스트라고 생각했다", "오보나 악의적인 장난이라고 생각했다"라고 하는 것처럼 '정상화 성향'이 나타났다. 이상 사태가 일어나고 있다는 것을 믿고 싶지 않기 때문에 '이상한 것이 아니다'라는 이유를 찾아버리는 것이다.

이 조사 결과를 보면 태평양 쪽에서 실제로 지진이 일어나서 총리가 경계경보를 발령하더라도, 패닉이 일어나기는커녕 오히려 많은 사람에게 전달도 되지 않고, 설령 전달받은 사람이 있어도 믿어주지 않는다는 것을 알 수 있다.

교통심리학의 영역에는 '리스크 감수성'이라는 개념이 있다. 하지만 적어도 화재나 지진 같은 리스크에 대해서 우리의 감수성은 둔감하다고밖에 달리 할 말이 없다.

사람들이 패닉(공포심)에 빠지는 조건은
따로 있다고?

가와지 프린스 호텔의 종업원이나 JR 홋카이도의 승무원은 사태가 얼마나 심각한지는 생각하지 않았다. 그러니까, 그들은 '정상화 성향'에 사로잡혀 있었을 가능성이 있다. 이렇듯 사태의 심각성을 인식하고 있었음에도 불구하고 고의로 그것을 전달하지 않아서 참사를 불러올 수가 있다. 사업자 측이 패닉을 두려워해서 고의로 사태를 축소하여 전달하기 때문이다.

그러나 방재 전문가들은 패닉은 그렇게 간단하게 일어나는 것이 아니라고 한목소리로 주장한다. 그리고 사람들이 긴급 시에 곧 바로 패닉 상태에 빠져 냉정한 행동이 불가능하리라고 보는 그릇된 신념을 '패닉 신화'라고 부른다.

1977년 5월에 미국의 신시내티 교외에 있었던 베벌리힐즈 슈퍼클럽에서 디너쇼가 한창일 때 화재가 일어났다. 화재를 전달한 종업원은 초만원이던 관람객들을 향해서 "작은 불입니다. 화재가 시작된 곳은 여기서 멀지만 대피해주십시오"라고 말한 것 같다. 그것을 들은 무대 위의 코미디언은 "위험하지 않습니다만 대피해주십시오. 불이 진화되면 다시 쇼를 진행하겠습니다"라고 방송했다.

종업원도 코미디언도 1,000명이 넘는 사람들이 혼란스러워 패닉 상태에 빠지지 않을까 하고 우려했기 때문이다. 이처럼 긴박감 없이 피난 지시를 했기 때문에 피난 행동은 느슨해지고, 자리에 앉은 채로 음식을 먹거나 담소를 계속하는 관람객도 많았다. 그러다 갑자기 검은 연기가 실내로 빨려 들어와 164명이 피난하지 못하고 명을 달리했다.[6]

이와 같은 사례는 너무 많아서 일일이 헤아릴 수가 없다. 긴급사태를 몰랐던 사람들이 패닉 상태에 빠질 리스크보다도, 패닉 상태를 우려해서 사람들에게 긴급사태를 알리지 않은 데 따른 리스크가 훨씬 더 크다는 것이다.

방재심리학 전문가인 히로세 타다히로 교수는, 패닉은 결코 일어나지 않는 것은 아니고, 다음과 같은 4가지 필요조건이 충족될 때 발생한다고 주장한다.[7]

제1조건은 긴박한 상황에 놓여 있다는 의식을 사람들이 공유하고 있을 것. 예로부터 전투가 한창일 때 병사들 사이에서 패닉이 자주 발생하는 것은 이러한 이유 때문이다.

제2조건은 위험을 피할 방법이 있다고 믿고 있을 것. 살길이 없다고 확신하게 되면 사람들은 도주하지 않고 포기하거나, 반대로 "에라, 모르겠다!"는 심정으로 위험원에 맞서기도 한다.

제3조건은 탈출은 가능하다는 생각은 있지만, 안전은 보장되지 않는다는 불안이 있을 것. 경쟁에 뒤쳐지는 것이 파멸을 의미한다는 상황 인식이 사람들의 협력 관계를 곤란하게 만들어 서로 다리를 잡아당기기 시작하면서 패닉에 이른다.

제4조건은 사람들 사이의 상호 커뮤니케이션이 정상적으로 이루어지지 않을 것. 앞에서 어린아이나 노인이 쓰러져 있어도 뒤에서 어떤 일이 일어나고 있는지 정보가 전달되지 않은 경우가 그러하다. 이때 빨리 탈출하고 싶다보니 초조해져서 앞사람을 한층 강하게 밀어낸다. 그리하여 넘어진 사람 위로 다시 사람이 넘어져 탈출이 더욱 더 어려워지면서 희생자가 늘어나는 것이다.

그러나 반복해서 말하지만 이와 같은 조건이 충족되는 상황은 그렇게 자주 일어나지 않는다. 히로세 교수는 "패닉이란 말로 피해를 설명하려는 자는, 재해나 사고의 원인을 조사하는 것을 관두고 방재 과정에서의 실패도 감추려는 불순한 동기가 있는 것은 아닌가 하고 먼저 의심해볼 필요가 있다"고 단정하고 있다.[8]

과대평가되는 위험과 과소평가되는 위험

　지금까지 자동차를 운전하는 운전자의 리스크 인지나, 지진이나 화재의 예보나 경보를 받은 사람의 리스크 인지에 대해서 언급했다. 그것들은 자기 자신이 직접, 그때, 그 장소에서 몸이 위험에 노출되어 있는 사람의 리스크 인지다. 그러나 심리학에서 리스크 인지 연구는 '다양한 종류의 리스크를 사람들이 어떻게 느끼고 있는가?'라는 연구를 중심으로 발전해왔다.

　예를 들어 S. 리히텐슈타인은 1970년대에 했던 연구에서 "미국에서는 자동차 사고로 매년 500만 명이 사망하고 있습니다. 그렇다면 다음에 나오는 원인들 때문에 매년 얼마나 많은 사람이 사망하고 있다고 생각합니까?"라는 설문에 응답하게 했다. 다음 페이지에 나오는 그림 6-2는 가로축으로는 실제로 매년 사망하는 사람의 수를, 세로축으로는 사람들의 응답 평균치를 나타내면서 각종 사망 원인과 위험원을 도표화한 것이다. 양축 모두 대수눈금(logarithmic scale)[5]으로 이루어졌음에 주의해주기 바란다. 눈금이 1씩 증가할 때마다 실제의 수는 10배가 된다.[9]

---

5) 상용 대수에 비례한 길이로 눈금을 매긴 것을 대수눈금이라고 한다. 보통 눈금에 비해 자릿수가 많은 수치를 표시하는 데 편리하다. 대수 방안지와 계산척 등은 모두 대수눈금을 사용한 것이다.

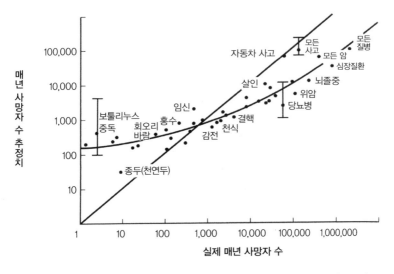

그림 6-2. 각종 위험원에 대한 매년 사망자 수 추정치

출처: Lichtenstein, 참고 문헌 16

만약 사람들의 리스크 인지가 정확하다면 도표의 점들은 대각

선 위로 늘어설 것이다. 그러나 응답은 매년 1,000명 성도의 사

망자 수를 경계로 왼쪽에서는 대각선 위에 점이 늘어지고, 오른

쪽에서는 대각선 아래에 몰려 있다. 즉 사망자가 얼마 안 되는 위

험원은 과대평가되고, 사망자가 많은 위험원은 과소평가되는 것

이다. 예를 들어 홍수나 회오리바람으로 사망하는 사람은 그렇

게 많지 않지만, 감전이라든가 천식, 결핵 등 사망자가 보다 더 많

은 사망 원인과 거의 동일한 정도로 평가받고 있다. 보툴리누스균

(botulinus bacillus) 등은 당시 해외에서 중독 문제가 보도되고 있었기 때문인지 실제의 리스크보다도 훨씬 더 높게 위험시되고 있다. 한편 암, 뇌졸중, 심장질환 등은 익숙한 탓인지 실제보다 과소평가되고 있다.

이렇듯 실제 사망 원인 통계나 방사선 피폭, 흡연, 음주 등에 관해 전문가가 추정한 사망 리스크를, 설문지에 응답하는 형태로 조사한 주관적 리스크와 비교했다. 그리고 그 다음의 연구에서도 좀처럼 일어나지 않는 '사망에 이를 수 있는 이벤트'의 리스크는 과대평가되고, 빈번하게 일어나는 이벤트나 가까이 있는 익숙한 위험원에 대한 리스크는 과소평가되는 경향이 확인되었다. 또한 언론에서 많이 보도되는 사고나 재해는 과대평가되었다.

어떤 리스크가 있는지를 보여주는 '도표'가 있다

리스크에 대한 사회심리학적 접근 중에서 가장 유명한 것은 어쩌면 P. 슬로빅의 리스크 이미지 연구일 것이다.[10]

그는 사람들에게 조사표를 주고 자동차 사고, 원자력 발전소 사고, 유전공학, 담배 등 81개 리스크에 대해서 18개 항목의 양극척도로 기입하게 했다. 양극척도란 7개 정도의 눈금이 있는 가로축의 좌우에 반대되는 말이 써 있는데, 그중 자신의 이미지와 가장 가깝다고 느끼는 눈금에 체크하는 것이다. 슬로빅이 사용한 척도로는 '새롭다−오래되었다', '두렵다−두렵지 않다', '공평−불공평', '제어 가능−제어 불가능', '관찰 가능−관찰 불가능' 등이 있다.

표 6-1. 리스크의 성질을 평가하는 18척도

제1인자 [두려움]

1. 재해 시의 제어: 재해가 일어났을 때 장해의 심한 정도를 제어할 수 있는가?
2. 두려움: 그 리스크는 두렵고 감정적인 반응을 일으키는 것인가?
3. 세계적인 대참사: 세계적 재해를 초래할 잠재성이 있는가?
4. 재해 발생의 제어: 그 리스크에 의한 재해의 발생을 제어할 수 있는가?
5. 결과의 치사성: 그것에 의해 사람이 사망하게 되는가?
6. 리스크·편익의 평등성: 리스크에 노출된 사람에게 편익은 평등하게 배분되는가?
7. 대재앙(Catastrophe): 그것으로 인해 한번에 많은 인명을 잃을 수 있는가?
8. 미래 세대에게 위협: 그 위험원은 미래 세대에게 위협이 되는가?
9. 소멸 용이성: 그 리스크는 간단히 소멸될 수 있는가?
10. 리스크의 증대성: 그 리스크는 계속 증대하는 것인가?
11. 자발성: 사람들은 그 대상 리스크에 자발적으로 관련되어 있는가?
12. 개인적 접촉: 그 리스크에는 본인 개인으로서 접촉하는 것인가?

제2인자 [미지성(未知性)]

13. 관찰 가능성: 피해 발생 프로세스는 관찰 가능한가?
14. 리스크 지식(a): 리스크에 노출되어 있는 사람이 그 리스크에 대해 정확하게 알고 있는가?
15. 영향의 즉시성: 사망 리스크는 즉석에서 일어나는가?
16. 새로움: 그 리스크는 새롭고 신기한 것인가?
17. 리스크 지식(b): 그 리스크는 과학적으로 파악된 것인가?

제3인자 [인수(人數) 규모]

18. 노출된 인수 규모: 몇 명이나 그 위험원에 노출되어 있는가?

출처: Slovic, 참고 문헌 10

응답 결과를 인자분석이라고 하는 통계 연구 방법으로 해석한 결과, 18개 척도는 3개의 인자로 설명할 수 있다는 것을 알 수 있었다. 즉 두려움 인자, 미지성 인자(대상의 파악과 이해), 인수(사람의 수) 규모 인자다(표 6-1).

표에서도 알 수 있듯 이 인수 규모 인자는 단 하나의 질문 항목으로 이루어져 있고, 전체에 미치는 영향도 크지 않다. 그래서 제1인자나 제2인자로 다양한 리스크의 이미지를 그릴 수가 있다. 다시 말해 각종 리스크별로 제1인자를 구성하는 12개의 질문에 대한 평정값을 평균해서 두려움 인자가 획득한 점수, 제2인자를 구성하는 5개 항목에 대한 응답을 평균해서 미지성 인자가 획득한 점수로 하는 것이다.

그런 다음 두려움 인자를 가로축으로, 미지성 인자를 세로축으로 하여 각종 리스크를 도표화하면, 140쪽에 나오는 그림 6-3과 같은 '리스크 인지 도표'가 된다.

다양한 리스크는 이 지도의 4분면 어디에 있는지에 따라 다음 페이지에 나오는 그림 6-3과 같은 4개의 이미지로 분류할 수 있다.

그림 6-3. 1980년대 미국인의 리스크 인지 지도

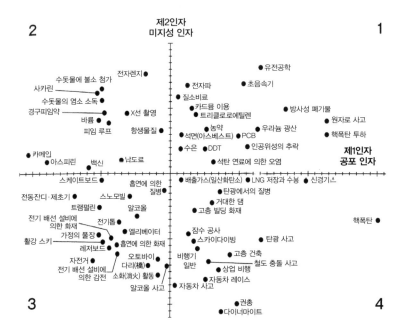

현대 일본인에게 익숙하지 않는 리스크는 일부 생략

【제1분면】알지 못하며 또한 두렵다. - 유전공학, 원자로 사고,

　　　　방사성 폐기물, 농약 등

【제2분면】알고 있으며 두렵지 않다. - 수돗물에 불소 첨가, 수

　　　　돗물의 염소 소독, 경구 피임약, 카페인 등

【제3분면】알지 못하며 두려움도 없다. - 자전거, 가정의 풀장,

흡연에 의한 화재, 전동 잔디·제초기 등

【제4분면】알고 있으며 두렵다. − 핵무기, 탄광 사고, 권총, 고층

빌딩 화재 등

   각각의 리스크가 어느 정도로 위험하다고 생각하는가 하는 질
문에 대한 응답에서는 〔제1분면〕에 있는 '알지 못하며 또한 두렵
다'라고 하는 이미지의 리스크 평가치가 높게 나타났고, 〔제3분면〕
에 있는 '알지 못하며 두려움도 없다'라고 하는 이미지의 리스크는
낮게 나타난 것을 알 수 있다.

   이 결과는 미국인을 조사 대상으로 했지만, 그후 연구에서는 일
본을 포함한 다양한 국가에서 동일한 조사가 이루어졌다. 그럼으
로써 모든 국가에서도 리스크 이미지는 두려움과 미지성 2개의 인
자로 대략 설명할 수 있다는 것, 각종 리스크에 대한 이미지도 대
체로 서로 비슷하지만 세밀한 점에서 여러 가지 차이가 있다는 것
등을 알 수 있다.

80만 원 손해 볼 가능성 100%,
100만 원 손해 볼 가능성 80%

심리학자로서 유일하게 노벨상을 수상한 학자가 있다. 다만 안타깝게도 '노벨심리학상'은 없기 때문에 그가 수상한 것은 '노벨경제학상'이다. 대니얼 카너먼[6]이라는 이스라엘에서 태어난 유대인으로, 2002년에 노벨상을 수상했을 때는 프린스턴 대학의 교수였다. 상을 받은 연구 중 거의 대부분은 같은 이스라엘 출신인 아모스 트버스키[7]와의 공동 연구로 진행되었다. 그러나 트버스키는 1996년에 56세로 사망했기 때문에 수상에서 제외되었다. 이 일을 두고 나는 친구와 "노벨상을 받으려면 장수하지 않으면 안 되는구나", "아무리 오래 살아도 수상 가능성은 없는데……" 하고 농담하곤 했다.

그런데 이 책을 읽는 독자 여러분은 아래의 선택지 중 어느 쪽이든 좋아하는 것을 고르라고 한다면 어느 쪽을 선택하겠는가?

---

6) 이스라엘 태생(1934~)으로 프랑스에서 성장했다. 프린스턴 대학 명예교수로 2002년 노벨경제학상을 수상(심리학에서 연구한 통찰을 경제학으로 통합한 공적)한 미국의 심리학자·행동경제학자이다.

7) 이스라엘 태생(1937~1996)으로 스탠포드 대학 교수였다. 인지심리학자·행동경제학자였다.

A. 100%의 확률로 80만 원을 받을 수 있다.
B. 85%의 확률로 100만 원을 받을 수 있다.

나라면 확실하게 80만 원을 받을 수 있는 A를 선택한다. 실제로 많은 사람이 그런 선택을 한다. 그러나 통계적으로는 선택지 A의 기대치는 80만 원인데 비해, 선택지 B는 85만 원(1,000,000×0.85)이기 때문에 합리적 판단에 따르면 선택지 'B'를 선택해야 한다.

경제학에서는 어쩔 수 없이 사람들은 손해와 이득을 따져서 최대의 이득이 나는 행동을 선택한다고 하는 합리적 인간상에 기반을 두고 그 이론이 성립되어 있다. 그러나 인간은 그렇게 합리적으로 행동하지 않는다는 것, 그리고 리스크 판단에는 주관적 요소가 크게 작용한다는 것과 거기에는 심리학적인 원리나 법칙이 있다는 것을 카너먼과 트버스키가 제시했다. 그것이 노벨경제학상을 수상할 만한 업적으로 평가받았던 것이다.

선택지 A와 B의 차이는 선택지 A로 이익을 손에 넣을 수 있는 것은 확실하다는 것이다. 금액이나 확률을 다양하게 변화시키면서 실험을 해도, 사람들은 기대치가 적더라도 100% 이익을 보장받을 수 있는 선택지가 좋다는 것을 알고 있다. 이 현상을 '확실성 효과'라고 부른다.

그러면 다음 선택지는 어떨까?

C. 100% 확실하게 80만 원 손해를 본다(지불하지 않으면 안 된다).
D. 85%의 확률로 100만 원을 지불하지 않으면 안 되지만, 15%의 확률로 1원도 지불하지 않아도 좋다.

이 경우에는 선택지 C보다도 선택지 D를 택하는 사람이 많다. D의 기대치는 85만 원으로 기대치 80만 원의 C보다 더 크다. 하지만 확실하게 손해를 본다는 것을 알고 있는 선택지보다 어쩌면 손해를 보지 않고 마무리할 수 있는 선택지를 선호하기 때문이다. 이 현상은 '도박적 인지 성향'이라고 불린다.

행동 선택지 A 대 B, 행동 선택지 C 대 D의 선택률의 차이를 설명하는 원리가 카너먼과 트버스키가 주장한 '전망 이론(prospect theory)'이다.[11]

그림 6-4에 주목해주기 바란다. 가로축은 손해와 이득의 객관적 크기(금액), 세로축은 손해와 이득의 주관적 크기(심리적 가치)를 나타낸다. 이득이 0에서 오른쪽 방향으로 커지면 그에 따라 주관적 가치는 직선적으로 증가하는 대신 증가율이 서서히 둔화되

어 간다. 한편 손실 측의 가로축을 따라가면 심리적 손실감은 0에서 급격하게 증대한다.

그림 6-4. 이득-손실의 주관적 평가

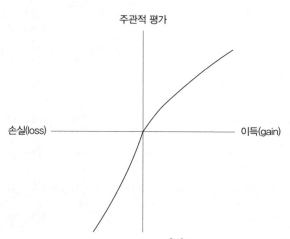

출처: Kahneman & Tversky, 참고 문헌 20

동일한 80만 원이라도 그것을 받았을 때의 '성취감'보다 그것을 잃어버린 '상실감'이 더 크다. 선택지 B의 100만 원은 매력적이지만, 80만 원과 100만 원의 '성취감'의 차이는 크지 않지만, 만약 100만 원을 받을 수 있는 것을 받지 못했을 때의 '상실감'은 엄청나게 크다. 이 때문에 확실하게 80만 원을 얻을 수 있는 선택지 A를 B보다 더 선호하게 된다. 한편 선택지 C도 D도 처음부터 손실 쪽에 있기 때문에 가능하면 그것을 피하고 싶다고 생각한다. 그래서 손실을 피할 수 있는 가능성이 있는 선택지 D를 선택하기 쉽다는 것이다.

이익이 먼저일까, 손해가 먼저일까?

이익에 주목할지, 손실에 주목할지가 인간의 리스크 판단에 영향을 끼친다고 하는 발견도 카너먼과 트버스키의 중요한 공적이다. 가상의 질병에 대한 정부의 대책에 대해서 다음 2가지 선택지를 비교해보자.

A. 대책 a를 택하면 200명의 목숨을 구할 수 있다.
B. 대책 b를 택하면 1/3의 확률로 600명의 목숨을 구할 수 있지만, 2/3의 확률로 단 1명도 구할 수 없다.

정부는 어느 쪽의 대책을 선택해야 할까 물었더니 사람들 중 70%이상이 선택지 A를 지지했다.

다른 방법으로 별도의 사람들에게는 다음과 같은 2가지 선택지를 제시하고, 어느 쪽이 좋은지를 선택하도록 했다.

C. 대책 c를 택하면 400명이 확실히 죽는다.
D. 대책 d를 택하면 사망자가 단 1명도 나오지 않을 가능성이
1/3이지만, 600명의 사망자가 나올 가능성도 2/3이다.

이번에는 80%에 가까운 사람이 선택지 D를 지지했다.

대책 a~d는 통계적으로는 모두 효과가 같다. 그러나 선택지 A
대 B와 같이 목숨을 구한다는 긍정적 측면에 주목하도록 표현하
면 확실하게 200명의 목숨을 구한다는 선택지가 높게 평가된다.
역으로 선택지 C 대 D와 같이 '죽는다'는 부정적 측면에 주목하도
록 표현하면 사망자가 나오지 않을 가능성이 있는 대책을 지지하
는 사람이 증가한다.

이처럼 인간이 리스크 판단을 할 때에는 판단의 프레임을 이득
쪽에 설정할지 손실 쪽에 설정할지가 매우 큰 영향을 준다. 이것
을 '플레밍 효과'라고 한다. 프레임이 이득 쪽에 있는 A 대 B의 선
택에서는 '확실성 효과'가 나타나고, 프레임이 손실 쪽에 있는 C 대
D의 선택에서는 '도박적 인지 성향'이 나온다고 생각해도 좋다.

리스크를 의논하는 사람이 많으면
리스크가 높아진다고?

리스크에 대해서 여러 사람과 논의하면 보다 더 좋은 판단이 나올 수 있을까? 이 문제에 대해 M. A. 월렉이 흥미진진한 실험을 했다.[12]

그는 다음과 같은 질문에서 1~6의 선택지 중 적당하다고 생각되는 것을 선택하도록 했다.

중증 심장병에 걸린 사람이 있습니다. 대수술을 받지 않으면 일상적인 생활을 할 수 없습니다. 그 수술이 성공하면 병이 완치되지만, 실패하면 사망합니다. 그는 수술을 받을지, 받지 않을지 망설이고 있습니다. 당신이라면 다음 예시 가운데 어떤 조언을 해줄 것인지 선택해주십시오.

1	성공할 확률이 10% 있다면 수술해야 한다고 권한다.
2	성공할 확률이 30% 있다면 수술해야 한다고 권한다.
3	성공할 확률이 50% 있다면 수술해야 한다고 권한다.
4	성공할 확률이 70% 있다면 수술해야 한다고 권한다.
5	성공할 확률이 90% 있다면 수술해야 한다고 권한다.
6	성공할 확률이 아무리 높아도 위험한 행동은 권하지 않는다.

이것은 가상 딜레마 상황이다. 수술에는 사망에 대한 리스크가 따르지만, 성공하면 건강을 회복할 수 있다. 아무것도 하지 않으

면 일상생활이 불가능하다. 그래서 수술 성공 가능성이 어느 정도 있으면 수술하는 쪽으로 결단을 내릴 수 있을까? 이 실험에서 참가자는 질병이 없기 때문에 친구에게 조언을 한다는 상황을 제시해두고 생각을 물었다. 선택지의 번호가 작을수록 리스크를 적극적으로 받아들인다는 판단이다. 개개인에게 이와 같은 질문을 하고, 개인이 선택한 응답 번호의 평균치를 산출하면 응답자 전원의 평균적 리스크 판단을 수치로 나타낼 수 있다.

이어서 6명의 응답자를 모아서 설명하고 답을 하나씩 고르도록 했다. 남성들만의 그룹, 여성들만의 그룹 몇 개를 만들어 설명하고, 결정한 선택지의 번호를 조사하면 집단에서 생각할 때의 리스크 판단을 수치화할 수 있다.

결과의 일부를 표 6-2에 정리하였다.

표 6-2. 각종 가상 딜레마 상황에 대한 집단 결정과 개인 결정의 차이

	가상 딜레마 상황	남성	여성
1	급여는 높지만 불안정한 직장으로 전직	-1.0	-1.0
2	위험하지만 완치 가능한 수술	-0.2	-0.6
3	시합에서 동점 승부인지, 역전 승부인지	-1.1	-0.4
4	정치적 상황이 불안정할 때 고액 투자	-1.8	-1.4
5	어렵지만 중요한 연구에 착수	-1.1	-0.9
6	생각이 다른 약혼자와 결혼	+0.8	+0.6

(기타 6개 항목)		
평균	−0.83	−0.82

−값이 클수록 집단 결정이 개인 결정보다도 리스크가 높은 쪽으로 기울어져 있다.

출처: Wallach 외, 참고 문헌 21

이 표에는 집단에서 결정한 리스크 판단에서 개인이 결정한 리스크 판단의 평균치를 뺀 값이 남녀별로 정리되어 있다. 실험에서 사용된 12가지의 가상 딜레마 상황 중에서 알기 쉬운 것을 내가 6개만 골랐다. 그 가운데는 집단으로 생각하는 것이 신중하게 나타난 항목(+값)도 있지만, 거의 대부분의 딜레마 상황에서는 집단으로 결정하는 쪽이 리스크가 높은 쪽에 다가가 있다(−값). 그러면 12가지 항목의 평균도 당연히 그렇게 된다.

이러한 현상을 '집단 의사 결정의 모험 이행(risky shift)'이라고 한다.

몇 명인가가 함께 생각하고 논의해서 모두 같은 결정을 내리려고 하면, 한 사람이 생각해서 결정하는 것보다 더 높은 리스크로 판단하게 된다는 것이다. 이러한 현상은 회의 등에서도 자주 경험한다. 처음에는 '괜찮을까?'라고 생각하며 불안해하더라도, 목소리가 크고 위세가 있는 발언자에게 끌려서 상황이 종료되면 리스크가 높은 쪽으로 결론이 나 있는 경우가 있다.

그러나 이 연구 후 조건을 다양화하거나 실험 참가자를 바꾸어 가며 추가적으로 실험한 결과 항상 리스크가 높은 쪽으로 결론이 난다는 것으로 단정할 수 없다는 것을 알게 되었다. 반대로 신중한 쪽으로 다가가는 '보수 이행(cautious shift)'이 일어나는 경우도 많다는 것이다. 어떤 쪽이 일어날지는 그룹의 멤버 구성이나 발언력이 강한 사람이 어떤 의견을 표명하는지, 반론하는 사람이 있는지, 방관자가 많은지 등 다양한 요인으로 영향을 미친다.

그러나 포인트는 리스크 판단에 한정하지 않고 집단으로 의사결정을 할 때에는 개인 판단의 전체 합보다도 극단적인 쪽으로 기울기 쉽다는 것이다. 이 현상을 '집단 의사 결정의 극성화(極性化)'라고 부른다.

극단적인 경우에는 나중에 생각하면 '무엇 때문에 그런 의견에 찬성해버리고 말았지?' 또는 '이상하다고 생각은 했지만 모두가 그렇게 하는 것이 좋다고 하니까 반대할 수 없었어'라고 후회할 결정을 해버리는 때도 있다. '집단천려(集團淺慮)'라는 현상이다. 민주적인 프로세스 중에서 소통을 중요시할 때 주의하지 않으면 안 될 함정이다.

제7장

리스크에 대해 한 마디씩 해보기

안전해서 안심하는 게 아니라 '잊고 있어서' 안심한다고?

X선, 농약, 보존료(방부제) 같은 식품첨가물, 부작용이 있는 의약품 등은 리스크도 있고 효용(benefit)도 있다. 그것은 누구라도 알고 있다. 그리고 전문가가 리스크를 평가하고, 그 결정에 따라 정부 기관 등이 정확하게 규제와 감독을 하고 있다는 신뢰에 바탕을 두고 우리들은 이것의 리스크를 받아들이고 있다.

"이 정도라면 안전합니다"라고 신뢰할 수 있는 전문가가 말해주고, 그 레벨의 리스크를 받아들이도록 사업자나 규제 당국이 확실하게 업무를 처리하고 있다고 믿으면, 사람들은 안심하고 그 리스크를 받아들인다. '리스크를 받아들이고 있다'고 실감하고 있는 사람은 드물지만 '안전'하다고 보는 것이다. 즉, '안전'이란 '리스크가 받아들일 수 있는 레벨보다 낮은 것'이라고 정의하는 것도 가능하다는 것이다.

그리고 '안심'이란, 안전한지 어떤지를 판단할 수 있을 만큼의 지식이나 정보를 자신은 갖고 있지는 않지만, 기준을 정한 전문가, 리스크를 다루는 사업자, 그 사업자를 감독하는 규제 당국을 신뢰하기에 리스크의 존재를 잊는 것이 가능한 심리 상태라고 말할 수 있다.

'잊고 있다'고 하지 않고 '잊는 것이 가능하다'고 표현한 것은 리스크가 있다는 것을 항상 의식하기가 고통스럽기 때문이다. 비관적인 기분에 빠져 있는 것보다 낙관적인 기분에 빠신 채 보내고 있는 편이 건강에도 좋다. 그렇기 때문에 누군가가 책임을 가지고 리스크를 관리해주니 자신이 리스크를 의식하지 않는 상태가 된다는 것은 유쾌하다. '안심'이라는 객관성이 없이 측정 불가능한 애매한 말을 사용해서는 안 된다고 많은 과학자, 기술자가 주장하고 있음에도 불구하고, 여전히 사람들이 '안심'을 요구하는 것은 그 때문이라고 나는 생각하고 있다.

복어독은 괜찮고,
'미친 소'의 고기는 안 된다고?

평소에 리스크라는 것을 심각하게 생각하지 않고 있어도 원자력 발전소를 재가동해야 할지, 식품이나 수돗물의 방사선량을 어느 정도 허용할지, 광우병(BSE, bovine spongiform encephalopathy)이 발생한 나라에서 소고기를 수입해야 할지, 유전자 변형 농작물로 만들어진 식품의 수입을 인정해야 할지, 신종 인플루엔자가 발생했을 때 해외에서 들어오는 사람을 공항에서 발목을 잡아두면서 검사할 것인지 등, 다양한 국면에서 국민의 판단이 요구되고 있다. 그리고 그때 전문가의 의견과 일반 국민의 의견이 자주 엇갈리게 된다.

'슬로빅'의 연구 그룹은 1970년대 후반의 연구에서 일반인과 전문가에게 30종류의 위험원에 대해서 그 리스크의 크기를 주관적으로 예측하게 했다.[1] 그 결과 전문가가 평가한 리스크의 크기는 각 위험원의 연간 사망자 수에 거의 비례하는(상관계수 0.97) 데 비해서 여성, 대학생, 비즈니스맨의 응답자 그룹에서는 어떤 그룹도 0.50~0.62의 상관밖에 없었다.

전형적인 차이는 원자력 발전소에서 전문가가 30종류의 위험원

가운데 20위로 평가한 것을 여성과 대학생은 1위, 직장인은 8위로 평가했다. 일반적으로 전문가의 리스크 평가는 '피해의 크기 × 피해의 발생 확률'에 기반을 두고 있는 데 비해, 일반인의 리스크 평가 기준은 오로지 피해가 발생했을 때 피해의 크기에 의존하고 있는 것 같다.

크로이츠펠트-야콥병[8]에 걸리면 시각 이상, 걷기 장애로 시작하여 인지증(認知症)이 진행되고, 뇌가 스폰지처럼 되면서 죽음에 이른다. 누구나 결코 걸리고 싶지 않은 무서운 병이다. 그러나 광우병에 걸린 고기를 먹기 때문에 감염될 가능성이 있는 변이형 크로이츠펠트-야콥병 환자는 전 세계에 224명밖에 확인되지 않았고, 그중 영국과 프랑스 이외의 지역에서 발견된 환자는 24명뿐이다.[2] 일본에서는 영국에 머물던 사람 1명이 감염되었을 가능성이 있다고 알려지고 있다. 요컨대 걸리기가 극히 힘든 병인 것이다.

2003년에 미국에서 소 1마리가 광우병 감염 판명을 받았고, 일본은 바로 미국으로부터 소고기 수입을 금지했다. 그 후에 생후 20개

---

8) 크로이츠펠트-야콥병(Creutzfeldt-Jakob disease)이란 핵산을 포함하지 않은 단백질만의 병원인자인 프리온에 의한 질환으로, 광우병처럼 뇌가 스펀지(해면)처럼 되면서 인격 장애나 치매 혹은 분열병 같은 증상과 착란 상태를 보이기도 하는 뇌질환이다. 크로이츠펠트(1920)와 야콥(1921)이 발표한 이후, 장기간의 치매를 주요 증상으로 하는 변성질환으로 보고 있다.

월 이하의 어린 소의 뇌나 척수 같은 '특정 위험 부위'를 제외한 부위의 수입이 인정되었지만, 그 결정이 나온 뒤 소비자 단체나 매스컴으로부터 "미국의 요구에 굴복해서 국민의 건강을 위험으로 내몬다"는 엄청난 비판이 있었다.

병의 비참한 실태를 영상 등으로 본 사람은 그처럼 무서운 병의 원인이 될 수도 있는 고기를 수입하는 것은 리스크가 매우 크다고 느꼈을 것이다. 허나 광우병에 감염된 소의 고기를 먹더라도 그리 간단히 광우병에 걸리는 것은 아니다. 아울러 일본에서는 2011년에 O157이나 O111 같은 대장균에 의한 식중독으로 11명이 사망했고, 매년 약 50명이 복어독에 중독되며 그 가운데 여러 명은 사망하고 있다.[3]

전문가를 믿는 이유는
정보를 취사선택하지 않기 때문이다

리스크를 평가하고, 그 리스크를 허용할지 아닐지에 대한 의견 충돌이 전문가와 비전문가 사이에서 자주 일어난다. 그 이유는 다음과 같은 3가지 때문이라고 생각한다.

첫 번째 이유는 앞에서 언급한 것처럼 비전문가는 확률을 무시하고, 피해가 발생함으로써 나타나는 결과의 비참함에 시선을 빼앗기기 때문이다.

두 번째 이유는 비전문가는 문제가 되고 있는 특정 리스크만을 생각하여 이미 받아들인 다른 리스크와 비교를 하지 않는 경향이 있기 때문이다. 후쿠시마 제1발전소의 사고로 발생한 방사능 오염에 대해서 전문가는 여러 번 "이 피폭량은 X선 촬영을 1회할 때 받는 양보다 적다", "나리타·뉴욕 간을 비행하는 여객기에 타고 있을 때 맞는 방사선 양보다도 적다"고 설명해서 반발을 샀다. X선이나 국제선 비행기에는 리스크와 바꿀 수 있는 이익이 있지만, 원자력 발전소 사고의 방사선에는 그것이 없기 때문일 것이다. 한술 더 떠서 "담배를 1개피 피웠을 경우의 암에 걸릴 리스크와 비교해서⋯⋯" 등으로 설명하기도 하지만, 그것도 별로 설득력이 없다. 자신이 앞장서서 리스크를 감수하는 경우라고 하더라도 불가항력적으로 피폭 당하는 리스크라면 받아들일 수 있는 리스크의 레벨이 다르다는 것이다.

전문가와 비전문가 사이에서 리스크에 관한 의견 차이가 생기는 세 번째 이유는, 비전문가는 특정 리스크를 회피한 경우에 발생하는 또 다른 리스크를 생각하지 않기 때문이다. 예를 들어 최근에는 병에 담긴 음식에 "이 제품에는 방부제를 일절 사용하고 있지 않습니다. 가능하면 빨리 드세요" 같은 표시를 한 경우가 증가했다. 하지만 구입하는 사람은 방부제 때문에 암에 걸릴 리스크를 피하는 대신, 식중독에 걸리는 리스크를 받아들이고 있다는 것을 인식하고 있을까? '방부제만 사용하지 않으면 안전하다'는 식으로 단순하게 생각해서는 안 된다.

리스크에 대해서 개인, 기관, 집단 간에 정보나 의견 교환이 이루어지는 것을 '리스크 커뮤니케이션'이라고 한다. 적절한 리스크 커뮤니케이션은 리스크를 받아들이거나 규칙에 관한 사회적인 합의를 형성하는 데 도움이 된다. 아울러 치료 방법을 선택하는 것에 관한 의사와 환자의 협의 등 개인 레벨의 의사 결정에도 중요한 공헌을 한다.

나는 심장을 멈추고 관상동맥을 치료하는 수술을 받은 적이 있다. 그 당시에도 수술을 받는 리스크와 수술을 받지 않는 리스크에 대해서 의사와 장시간 얘기를 나누었다.

전문가가 리스크의 존재를 감추거나 별것 아닌 것처럼 표현하면, 실제로 문제가 일어났을 때 비전문가는 '속였구나!'라고 생각하여 더 이상 믿지 않게 된다. 그 결과 소송이나 분쟁으로 발전해서 문제 해결이 어려워진다. 비전문가가 리스크에 관한 정보를 상세하게 알려고 하지 않으면서 "모든 것을 맡기겠습니다"라고 전문가에게 의뢰하는 것도 바람직하지 않다. 전문가는 다양한 선택지에 따른 리스크를 가능하면 정확하게, 또한 알기 쉽게 설명해야 한다. 그럼으로써 최종 결정을 환자나 국민, 즉 당사자들에게 맡길 필요가 있는 것이다.

기노시타 도미오와 기쯔카와 도시코의 공동연구에 따르면, 과학기술의 좋은 면만 전달하는 일방 커뮤니케이션에 비해 좋은 면과 나쁜 면을 모두 전달하는 양방향 커뮤니케이션을 할 경우 메시지를 전달하는 쪽의 신뢰성이 높게 평가되었다.[4] 기쯔카와는 기술의 부정적인 면도 전달함으로써 정보를 보내는 쪽이 보다 더 많이 신뢰를 받는 결과는, 장기적으로 커뮤니케이션을 보내는 쪽과 받는 쪽의 신뢰 관계를 만들어내고 유지해가는 리스크 커뮤니케이션의 본래 목적과 합치한다고 결론을 내리고 있다.[5]

전문가는 리스크 커뮤니케이션을 강조하면서 종종 이해하기 어렵거나 과도한 공포감을 일반인들을 설득하는 수단이라고 보는 경우가 있다. 그러나 그것은 잘못된 것이다. 리스크 커뮤니케이션은 양방향으로 진행되는 것인지라, 전문가도 일반인의 의견으로부터 배운다는 자세가 필요한 것이다. 전문가가 당초의 의견이나 계획을 변경하겠다는 생각과 유연성을 가지고 임하지 않으면, 그것을 커뮤니케이션이라고 말할 수는 없다. 다양한 목적으로 진행되는 '주민설명회'라는 것이 가끔 데모로 이어지는 것은 쌍방이 커뮤니케이션의 의사가 없기 때문이라고 본다.

"그러니까 얼마나 위험하냐고요?"

리스크 커뮤니케이션에 있어서 역시 일반인들이 가장 알기 어려운 것은, "리스크는 확률이다"라는 생각이다. 전문가에게서 "그런 사고는 10만 년에 1번 꼴의 확률로 밖에 발생하지 않습니다"라는 말을 들으면, "그것이 내일 일어나면 어떻게 하죠?"라고 반론하고 싶어진다. 전문가에게서 "그 정도의 피폭량이라면 발암 확률을 0.2% 올릴 뿐입니다"라는 말을 들어도, "그러니까 얼마나 위험하냐니까요?", "역시 리스크는 '0'이 아니라는 말씀이죠?"라고 반문하게 된다.

도시샤 대학의 나카야치 가즈야 교수는 일반인도 알기 쉬운 리스크의 기준을 사용하자고 제안하고 있다.[6] 그것은 162쪽의 표 7-1에 정리한 것처럼 우리가 주변에서 비교적 자주 접하는 죽음의 원인이나 떠올리기 쉬운 리스크, 즉 암, 자살, 교통사고, 화재,

자연재해, 낙뢰에 의한 사망률을 앵커 포인트(anchor point, 판단 기준)로 삼고서 문제의 리스크를 자리매김하자는 제안이다.

예를 들어 목욕을 하다가 사망할 리스크가 의외로 높다는 사실을 전달하고 싶다면, 표 7-2와 같이 리스크의 비교 세트 중간 어딘가에 목욕 중의 사망 리스크를 삽입한다. 또한 식중독에 의한 사망자가 착실하게 감소하고 있다는 사실을 보여주고 싶다면 표 7-3과 같이 해도 좋다.

표 7-1. 리스크 비교 세트

(인구 10만 명당 연간 사망자 수, 단위는 명)

암	250
자살	24
교통사고	9
화재	1.7
자연재해	0.1
낙뢰	0.002

출처: 나카야치 가즈야, 『리스크의 기준』, NHK북스, 2006, p. 118

표 7-2. 일본의 목욕 중 사망 리스크

(인구 10만 명당 연간 사망자 수, 단위는 명)

암	250
자살	24
교통사고	9
목욕 중 익사	2.6
화재	1.7
자연재해	0.1
낙뢰	0.002

출처: 나카야치 가즈야, 『리스크의 기준』, NHK북스, 2006, p. 133

표 7-3. 일본의 식중독에 의한 사망 리스크

(인구 10만 명당 연간 사망자 수, 단위는 명)

암	250
자살	24
교통사고	9
화재	1.7
식중독(1960년)	0.27
자연재해	0.1
식중독(1980년)	0.017
식중독(2000년)	0.004
낙뢰	0.002

출처: 나카야치 가즈야, 『리스크의 기준』, NHK북스, 2006, p. 132

물론 리스크의 정도를 이해하는 것만 가지고는 판단을 하기가 힘들다. 리스크를 줄이는 데 어느 정도의 비용이 발생할 것인가? 그것은 누가 부담할 것인가? 이에 대한 문제도 중요하다. 일반적으로 리스크가 높은 곳에서 어느 정도 떨어질 때는 비용 대비 효과가 크지만, 작은 리스크를 보다 더 줄이는 데는 막대한 비용이 필요하다(그림 7-1).

그림 7-1. 리스크를 줄이는 데 필요한 비용

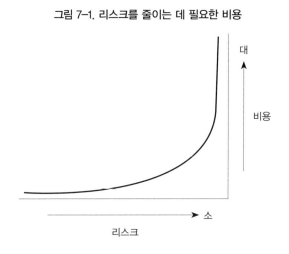

일반인, 예를 들어 위험원과 가까운 곳에서 사는 주민이나 교통수단 이용자 등은 어느 정도 자금이 들어가더라도 리스크를 가능한 한 낮추고 싶어 한다. 아울러 그것이 국가나 사업자의 의무라고 생각하기 십상이다. 그러나 국가가 지불하는 비용은 세금으로

조달되고, 사업자가 지불하는 코스트는 최종적으로는 이용자나 소비자가 부담한다. 리스크의 기준을 참고하여 이미 자신이 받아들이고 있는 리스크에 대해 얼마만큼의 리스크가 더해지는가 하는 관점에서 사물을 생각할 필요가 있다.

리스크 '0(zero)'의 신화에 도전한다!

매스컴은 때때로 리스크가 결코 있어서는 안 될 것처럼 주장한다. 그러나 그림 7-1에서 보는 것과 같이 리스크를 '제로에 가깝게' 줄이는 것은 가능하지만, '제로로 만드는 것'은 불가능하다.

과연 사람들은 진정으로 '제로 리스크'를 원할까?

심리학 실험이나 조사 결과에 따르면 확실히 사람들은 '제로 리스크'를 강력히 소망한다. 예를 들어 나카야치 가즈야 교수는 리스크를 어느 레벨에서 어느 레벨로 끌어내리는 것보다, 어느 레벨에서 0레벨로 낮추는 쪽에 보다 더 많은 금액을 지불할 의사가 있음을 보여주는 연구 결과를 보고하고, 그것을 '제로 리스크 효과'라고 부르고 있다.[7]

그러나 나카야치 교수는 제로 리스크에 도달하는 데 기술적 가능성이 있다고 말하는 경우와 없다고 말하는 경우에서, 리스크를 줄이는 데 따른 지불 허용 금액의 차이가 생기는 것도 명확하게 보여주었다. 그러니까 제로 리스크 불가능 조건의 비용이 더 적다는 것이다.

이 결과는 전문가나 사업자가 "리스크는 없습니다"라고 하는 것보다, "리스크는 제로가 될 수 없습니다"라고 정직하게 전달하는 편이 제멋대로 대책 비용을 요구하는 것을 억제할 수 있음을 보여주고 있다.

또한 앞에서 인용한 기노시타 도미오와 기쯔카와 도시코의 연구 결과, 즉 과학기술의 리스크에 대해 전달할 때는 긍정적인 면뿐만 아니라 부정적인 면도 동시에 전달하는 것이 신뢰를 받을 수 있음을 데이터로도 입증했다.

제4장에서 본 것과 같이 인간 개개인은 매우 직극적으로 리스크가 있는 행동을 받아들이고 있다. 리스크가 없는 곳에는 효용(benefit)도 없다는 것을 알고 있기 때문이다.

"일반인은 리스크 제로(zero, 0)를 원한다"는 생각은 일종의 신화가 아닐까? 그 신화를 믿고 전문가나 사업자가 "리스크는 없습니다", "극히 낮습니다", "안전합니다"라고 강조하는 것은 이치에 맞지 않는 대응이 아닐까? 어쩌면 리스크가 있음을 인정하고, 거기서부터 논의를 진행해야 한다고 생각한다.

커뮤니케이션이 어려운 이유는 이익이 개인한테 직접 돌아가는 게 아니라 사회나 기업에 귀속되는 판에, 그 리스크는 개인이 지지 않으면 안 되기 때문이다. 미군 기지나 원자력 발전소가 들어서는 것은 보조금을 지불하거나 인프라를 정비해줌으로써 지역 주민에게 이익을 직접 제공하여 리스크를 받아들이도록 해왔다. 그러나 그것은 상호 이해와 납득을 통해 이루어진 합의가 아니었던 것 아닐까? 일단 사고가 일어나는 순간 "우린 속았어!"라며 주민들이 분노하는 것도 무리는 아니다.

"이제 미국산 소고기를 먹어도 될까요?"

앞에서 "예를 들어, 광우병에 감염된 소의 고기를 먹어도 그렇게 간단히 광우병에 걸리지 않는다"고 했고, 대장균이나 복어독으로 사망할 리스크가 높다는 것도 보여주었다. 그러나 생물학자 후쿠오카 신이치는 《이제 소고기를 먹어도 안심할 수 있을까》라는 책에서 이와 같은 리스크 분석을 통렬히 비판하고 있다.[8]

그에 따르면 "리스크 분석이 말하는 리스크의 수치화란 도대체

무엇인가? 그것은 극단적으로 말해서 사망자 수다", "복어독과 광우병 병원체가 동일 계열로 취급될 수 있는 '독'이 아니라는 것은 명확하다", "복어독으로 죽은 사람과 광우병으로 죽은 사람은 다르다. 그것은 실질적으로 똑같지 않은 사망자다. 복어는 어떤 의미에서 시간의 시련을 헤치고 나온 우리가 납득할 수 있는 리스크다. 그런데 광우병은 인재이며, 인위적인 조작에 의해서 생겨난 전혀 납득할 수 없는 리스크인 것이다", "리스크 분석은 현상을 개선할 열의도 그 힘도 가지고 있지 않다"라고 지적하고 있다.

이 책은 2004년에 출판되었지만 지금 다시 읽어보면 후쿠시마 원자력 발전소 사고로 방출된 방사성 물질에 의한 피폭 리스크를, 이미 알고 있는 다른 리스크와 비교해서 논하는 입장(이것은 "어느 정도의 피폭 리스크를 받아들일 수 있을까?"라고 논의하는 것과 거의 같다)에 대한 통열한 비판으로도 읽힌다.

리스크 커뮤니케이션을 연구하고 있는 심리학자들은 리스크에 관한 메시지를 전달할 때 신뢰를 얻으려면 그들의 능력, 성실성, 중립성에 대한 평가뿐만 아니라, 그들이 자신과 동일한 가치를 공유하고 있다고 인지하는 것에서부터 출발해야 한다고 주장한다.[9] "어떤 삶이 좋은 삶이라고 할 수 있는가? 앞으로 우리는 어떤 사회를 만들어야 하는가?"에 대한 문제를 시작으로 시간을 들여서

합의에 도달해야 한다. 끝까지 논의하지 않고 결론 내기를 서두르면 결국은 납득을 얻지 못한 채로 "받아들이고 싶지 않는 리스크를 받고 말았다"는 인상만이 남을 것이다.

제8장

스릴과 위험을 받아들이는 것에 대한 사람들의 인식 차이

자극적인 것을 좋아하는데
리스크는 피하고 싶다고?

제4장에서 젊은 남자는 '리스크 수용자(risk taker)'라고 적었다. 그러나 물론 젊은 남자 중에도 대담한 사람과 신중한 사람이 있다. 같은 상황에 선택지가 동일하더라도 리스크가 높은 행동을 선택하는 사람과 그것을 피하는 사람이 있음은 틀림없다.

심근경색 등 심장혈관계 질병이 되기 쉬운 행동 특성이 있음은 1950년대 말에 의학 연구에서 명확히 밝혀져 '타입 A'라는 이름이 붙었다.[1] 혈액형을 가리키는 것은 아니다. '타입 A'의 사람은 타인과 경쟁하는 것을 좋아하고, 상당히 출세지향적이며, 성급하고 항상 시간에 쫓긴다. 그리고 '리스크 수용자'다.[2]

　M. 주커만은 새로운 자극을 추구하는 경향을 측정하는 심리 척도인 '자극 욕구(sensation seeking) 척도'를 개발했다.[3] 심리 척도란 성격 검사처럼 질문에 답을 해가다보면 어떤 심리 특성이 계량화되도록 만들어진 것이다. 이 척도에는 4개의 하위 척도가 있다. 즉, ① 리스크와 모험 욕구, ② 경험 욕구, ③ 탈억제, ④ 지루함과 혐오다. 즉, 자극 욕구가 높은 편이라고 해도 리스크와 모험을 추구하는 타입, 새로운 체험을 요구하는 타입, 억제로부터의 해방을 추구하는 타입, 간단한 반복을 싫어하는 타입, 이들이 다양한 조합을 이룬 타입이 있다는 것이다.

　이 척도의 내용에서 예상되는 것처럼 자극 욕구 경향, 특히 스릴과 모험 욕구 척도의 점수와 리스크를 받아들이는 행동과의 사이에 정(+)의 상관관계가 있는 것으로 나타났다.[4] 또한 택시 운전사를 대상으로 한 조사에서는 자극 욕구 경향과 위반 빈도가 관련이 있음을 볼 수 있었다.[5] 그 외에도 자극 욕구의 일부 하위 척도는 음주, 흡연, 도박, 성적 체험의 다양함과 빈도, 진기한 활동에 자발적으로 참가, 낙하산이나 행글라이더 등 위험한 스포츠에 도전하기 등과 관련이 있음을 보여주는 데이터가 있다.[6]

일본인을 대상으로 한 연구에서도 다양한 지식과 견문이 축적되고 있다.[7]

자극 욕구의 총점이나 일부 하위 척도의 점수가 높은 쪽이 속도 위반 같은 그 밖의 위반을 경험한 경우도 많았다. 다른 연구를 보면 자동차 운전 시에 추월하는 빈도, 조수석에서 안전벨트를 매지 않는 빈도, 신호를 무시하는 빈도와 자극 욕구 경향 사이에 정(+)의 상관관계가 있음을 알 수 있다. 한편 노인을 대상으로 한 연구에서는, 교통 상황의 위험 감수성을 테스트한 결과 자극 욕구 경향이 강한 사람 쪽이 점수가 높은 것으로 나타났다. 이 연구에서 사용된 위험 감수성 테스트는 교통 상황의 감춰진 리스크의 감지 능력을 측정했기에, 점수가 높을수록(위험 감수성이 높을수록) 안전한 운전자라고 볼 수 있다.

이 마지막 연구 결과는 매우 흥미롭다. 자극 욕구가 강한 사람은 리스크를 좋아하고, 위반도 범하기 쉬울지 모른다. 하지만 이런 사람은 리스크를 감지하는 능력도 있어서 반드시 사고를 일으키기 쉬운 사람이라고 단언할 수 없다는 것이다. 실제로 다양한 연구에서는 자극 욕구와 사고율의 관계가 밝혀지지 않았다.

인지심리학자인 구수미 타카하시 교토 대학교 교수는 자극 욕구 척도에서 힌트를 얻어 리스크 회피 지향 척도를 발표했다.[8]

이 척도를 개발할 즈음에 구수미 교수는 일상생활에서 다양한 리스크를 받아들이는 행동의 빈도를 묻고 인자를 분석했다. 그리하여 다음과 같은 3개의 인자를 발견했다.

즉, "호텔, 여관 등에서 숙박할 때 피난로를 확인한다", "집을 구할 때 화재에 안전한지 걱정한다", "비행기나 관광버스에 탈 때 만약 대형 사고를 만나면 어떻게 할지 생각한다" 같은 항목으로 이루어진 ① 생명 리스크 회피, "무언가에 걸려서 자주 걱성하는 편이다", "신중하게 행동하는 편이다", "친구와 비교하면 무서운 것을 모른다" 등으로 이루어진 ② 일반적 불안, "복권을 사고 싶다라고 생각할 때가 있다", "게임에서는 돈을 따지 않으면 재미가 없다" 같은 ③ 금전 리스크 지향이다. 이 3가지 인자에 관한 질문 항목에 대한 회답이 각각의 하위 척도의 득점이 된다.

이 척도로 측정된 개인의 리스크 회피 지향성과 자신이 환자로서 치료를 받는다고 가정했을 때의 판단을 비교해보면, 생명 리스크 회피 척도와 일반적 불안 척도의 점수가 높은 사람은 리스크가 높은 치료법을 피하는 경향이 있음을 알 수 있었다.

횡단보도까지 가기 귀찮아서
무단 횡단을 하고 있지 않나요?

나는 일찍이 일상에서 범하기 쉬운 불완전한 행동 20가지를 구체적인 상황과 함께 적은 다음, 자신이 이와 같은 행위를 할 가능성과 그 행위의 위험도를 평가하는 조사를 실시한 적이 있다(176쪽의 표 8-1).[9] 예를 들어 "건널목을 건너려고 바로 앞까지 걸어갔을 때, 경보가 울리고 차단기가 내려오기 시작했기 때문에 달려서 건널목을 건넜다"라는 문장을 읽고, "당신은 어느 정도의 확률로 이러한 행동을 하게 되었습니까?"와 "당신이 이러한 행동을 했다고 가정해봅시다. 그 행동은 얼마나 위험하다고 생각합니까?"라고 하는 질문에 대해 0~100까지의 숫자로 응답하도록 했다.

각 행동의 실행률의 평균을 성별·연령대별로 구하면 역시 젊은 남성이 모든 행동의 실행률이 높고, 그 다음으로 젊은 여성, 중년 남성, 중년 여성의 순으로 나타났다(노인은 조사 대상에서 제외, 177쪽의 그림 8-1).

표 8-1. 불완전한 행동 리스트

(1)	건널목을 건너려고 바로 앞까지 걸어갔을 때, 경보기가 울려 차단기가 내려오기 시작했기 때문에 건널목을 뛰어서 건넜다.
(2)	발돋움을 해도 손이 닿지 않는 곳에 있는 것을 잡으려고 했을 때, 가까이에 사다리가 없었기 때문에 회전 의자에 올라서서 물건을 잡았다.
(3)	해수욕장에 갔을 때, 파도가 거칠어 '수영 금지'라는 푯말이 있었지만 신경 쓰지 않고 수영했다.
(4)	석유 스토브에 등유가 조금 남았다는 알람 표시가 들어와서 불을 끄지 않은 상태로 급유를 했다.
(5)	교통량이 많은 도로의 반대편으로 건너려고 생각했지만, 횡단보도는 멀리 돌아서 가야 해서 차가 끊기는 순간에 뛰어서 건넜다.
(6)	아침에 자전거를 타고 집에서 역으로 가던 중, 사거리 신호가 빨간불이었지만 차가 오지 않았기 때문에 건넜다.
(7)	아이스스케이트를 타러 스케이트장에 가는데, 장갑을 두고 온 것을 알았지만 매점에서 파는 장갑을 사지 않고 장갑 없이 달렸다.
(8)	저녁에 집 근처의 버스 정류장에서 버스에 내려 횡단보도를 건너려고 했을 때, 신호는 빨간불이었지만 차가 오지 않았기 때문에 건넜다.
(9)	밤에 자전거로 귀가할 때, 가로등이 켜져 있었기 때문에 라이트를 켜지 않고 달렸다.
(10)	전철을 타려고 플랫폼으로 내려가는 계단에 다다랐을 때, 열차가 출발하는 소리가 들려서 계단을 달려 내려와 닫히는 문으로 뛰어들었다.
(11)	친구와 함께 역으로 가는 도중에 친구만 자전거를 타고 있었기 때문에 친구의 자전거 뒷자리에 탔다.
(12)	친구 집에서 초보자가 조리한 복어 요리를 먹었다.
(13)	도로 폭이 넓은 직선 구간에서 제한 속도를 20~30km/h 초과해 달렸다.
(14)	가까운 마트까지 차로 갈 때 안전벨트를 매지 않고 운전했다.
(15)	교통량이 많은 도로를 시속 40km로 주행하던 중, 앞차가 사거리에 다다랐을 때 신호가 빨간불로 바뀌었지만, 멈추지 않고 앞차를 따라 그대로 사거리를 통과했다.
(16)	한적한 도로의 직선 구간을 시속 60km로 주행하던 중, 사거리 바로 앞에서 신호가 노란불로 바뀌었을 때 속도를 높여 사거리를 통과했다.

(17)	한밤중에 차가 거의 달리지 않는 도로에서 운전하던 중, 차단기가 없는 건널목에서 경보가 울렸지만, 좌우가 훤히 보이고 열차는 보이지 않았기 때문에 멈추지 않고 그대로 건널목을 건넜다.
(18)	사거리에 다다랐을 때 우선 도로를 주행하고 있는 차가 없었기 때문에 정지 표지판이 있었지만 조금 속도를 줄인 채 사거리로 진입했다.
(19)	곡선 구간이 많은 편도 1차선 도로에서 운전하고 있을 때, 앞에 버스가 천천히 달리고 있었기 때문에 추월 금지를 무시하고 추월했다.
(20)	친척집에 차를 가지고 갔을 때, 술을 강하게 권했기 때문에 맥주 2잔을 마시고 1시간 후 차를 운전해서 돌아왔다.

출처: 하가, 참고 문헌 54

그림 8-1. 불완전한 행동 20종의 추정 실행 확률

(성별·연령별로 나눈 각 군의 평균값)

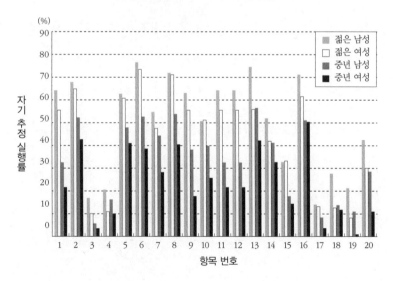

20가지 행동의 리스트는 보행자·자전거 이용자의 교통 행동, 자동차 운전자의 운전 행동, 그 외 일상 행동 등 3가지 종류로 분류된다. 성별과 연령별로 4개 군으로 나눈 그룹 내에서 '그외 일상 행동' 5가지의 실행률 평균치가 높은 군과 낮은 군을 비교하면 교통 행동에서도 운전 행동에서도 높은 군은 낮은 군보다도 평균치가 높다는 것이 명확하게 나타났다. 즉, 일상적인 상황에서 불안전한 행동을 할 확률이 높은 사람들(위험군)은 교통 상황에서도 운전 상황에서도 불완전한 행동을 할 확률이 높다는 것을 알 수 있다. 그림 8-2는 젊은 남성군에서의 결과지만, 그 현상은 젊은 여성군에서도 중년 남성군에서도 중년 여성군에서도 나타났다.

나는 이 현상을 '리스크 받아들이기 장면(場面, 심리학 용어로서, 어떤 행위를 하는 개체에 영향을 미치는 각 순간의 환경)의 일관성'이라고 부른다. 어떤 장면에서 위험한 행동을 하는 경향이 있는 사람은 다른 장면에서도 위험한 행동을 하는 경향이 있다. 이와 달리 신중한 사람은 어느 장면에서도 일관적으로 신중하게 행동한다는 것이다.

그림 8-2. 젊은 남성군에서 불완전한 행동 20종의 추정 실행 확률
(위험군과 신중군으로 나눈 각 군의 평균값)

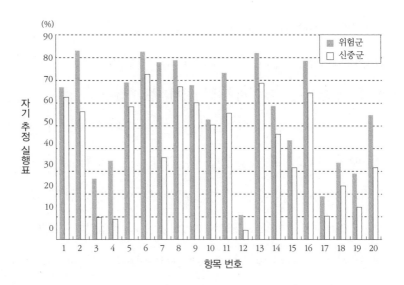

'안전벨트를 매야 한다'는 것은 아는데,
하지는 않지요?

도호쿠가쿠인 대학의 교통심리학자인 요시다 신야 교수는 운전

자의 안전 확인 행동이나 점멸등 신호를 하는 비율이 안전벨트 착

용자와 비착용자 간에 차이가 없다는 관찰 데이터 등에서, 틀린

안전 행동(결과적으로 불완전한 행동)을 할 가능성은 행동의 종류

마다 독립적이라고 주장했다. 안전 의식이 높은 운전자가 모든 종류의 안전 행동을 일괄적으로 지킨다는 증거는 없기 때문이다.[10]

틀림없이 설문지 조사에서 리스크 받아들이기 행동이나 위반 행동의 실행률을 묻고 얻은 대답이, 답변자의 행동을 정말로 정확하게 반영하는가라는 비판에 반론하기는 어렵다.

요시다 신야 교수는 대학 교직원에게 "안전벨트를 반드시 매고 있습니까?"라고 물은 다음 '반드시', '가끔', '전혀 안 함' 중에서 고르라고 했다. 그랬더니 34명 중 28명(82.4%)이 '반드시'라고 대답했고, '전혀 안 함'이라고 대답한 사람은 1명밖에 없었다. 또한 "안전벨트를 맬 확률은 몇 %라고 생각합니까?"라는 물음에 대한 답(주관적 착용률)의 평균값은 90.1%였다. 그러나 직원 주차장에서 나오는 자동차를 20일간 관찰한 결과 90% 이상의 확률(서의 늘)로 벨트를 맨 사람은 11명(32%) 밖에 없었고, 10% 미만의 확률(거의 매지 않는)도 8명이나 있었다. 착용률의 평균은 54.1%로 '주관적 착용률'과의 차이가 두드러지게 나타났다.[11]

앞에서 소개한 내가 조사한 항목 번호 10은 "전철을 타려고 플랫폼으로 내려가는 계단에 다다랐을 때, 열차가 출발하는 소리가 들렸다. 그 순간 계단을 달려 내려와 닫히는 문으로 뛰어들었다"이다. 그림 8-1을 보면 응답한 평균 실행 확률은 젊은 남성(51%),

젊은 여성(51%), 중년 남성(40%), 중년 여성(26%) 순으로 나타났다. 그런데 전철역에 CCTV를 설치해서 관찰했더니 전철이 역에 도착한 뒤부터 문이 닫힐 때까지 계단을 달려 오르거나 내려가는 사람의 비율은 40세 이상에서도 남여 차가 없었다(그림 8-3).[12] 또한 젊은 이와 중년·노년 사이에도 이렇다 할 차이는 보이지 않았다(어린이 제외).

그림 8-3. 계단에서 달리는 사람의 비율
(성별·연령별, 도쿄 도 내 JR 5개 역의 관찰 데이터)

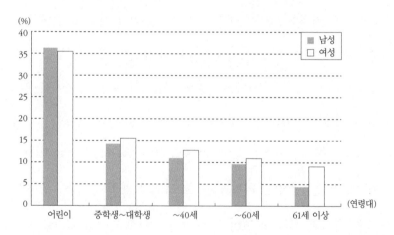

출처: 이노우에 타카후미 외, 참고 문헌 57

풍선이 안 터지게 하면서 공기를 넣는
게임(BART)

리스크 수용 행동을 현실 장면에서 관찰하는 것은 매우 어렵다. 그래서 실험실에서 그러한 행동이 일어나게 하여 리스크를 받아들이는 데 있어서의 개인차를 측정하려는 시험이 있다. 그 한 예로 메릴랜드 대학의 C. W. 레주에즈 교수 등이 고안한 'BART'라는 과제를 소개한다.[13]

이것은 컴퓨터 화면에 색깔이 있는 풍선이 표시되고, 실험 참가자가 '공기 주입' 단추를 클릭할 때마다 풍선이 조금씩 부풀어 오르며 점수(상금)가 누적되는 일종의 게임이다. 어떤 확률에서 풍선은 터지고 그 판의 득점은 0이 되어버리기 때문에 적낭한 시점에서 공기 주입을 멈추고 '집계' 단추를 클릭해야 한다. 그러면 상금이 확정되는 식이다. 리스크를 각오하고서 계속 공기를 주입하면 높은 점수를 얻을 수 있지만, 아울러 풍선이 터져서 받아둔 점수마저 잃어버릴 가능성도 있다. 풍선이 터질까? 집계 단추를 누르면 다시 새로운 풍선이 표시되고 다음 게임에 도전할 수 있다.

또한 풍선의 색에 따라 터질 확률도 다르다. 그래서 터질 확률이 높은 풍선 쪽이 1회 클릭당 점수가 높다. 따라서 점수를 많이

받으려면 '하이 리스크·하이 리턴(high risk·high return)'의 과제
와 '로 리스크·로 리턴(low risk·low return)'의 과제에 따라 전략
을 변경해야 한다(그림 8-4).

그림 8-4. BART의 화면

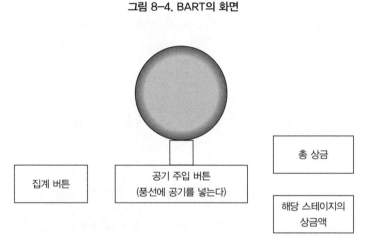

오른쪽에 득점에 따른 누적 금액과 그 해당 판(시행)에서 득점한 금액이 표시된다.

출처: Lejuez, 참고 문헌 58

레주에즈 교수 등은 BART에서 얻은 다양한 지표(획득 상금, 터
진 횟수, 공기 주입 클릭 횟수 등)와 그때까지 개발된 리스크를 받아
들이는 경향에 관한 다양한 심리 척도의 득점을 대조하여 BART
를 할 때 나타나는 개인 리스크를 받아들이는 행동이 설문지로
측정되는 '자극 욕구' 경향이나 충동성, 현실 사회에서 벌어지는

비(非)건강, 불안전, 중독성의 습관과 관련되어 있다는 것을 보여준다. 그리고 이 과제에 의해서 개인이 실제로 리스크를 받아들이는 행동 경향이 예측 가능하다고 주장했다.

오사카 대학 대학원생 모리이즈미 신고도 이 과제를 사용해서 자기가 만들어낸 리스크를 받아들이는 척도의 타당성을 검증했다.[14]

리스크에 관대한 것도 본능에 따른 것이라고?

주커만은 '자극 욕구(sensation seeking)' 경향이 생물학적 기질에 의해 결정된다고 주장하고 있다(그러니까 '본능적 행동'을 지배하는 것이다).[15] 대뇌변연계(大腦邊緣系, 앞뇌 구조물들의 상호연결망을 가리키며, 감정·기억 등을 조절)의 활동이나 어떤 종류의 뇌내 전달 물질, 남성 호르몬, 자극에 대한 뇌피의 감도(感度) 등이 자극 욕구 점수와 관련이 있다는 것이다. 유치원 아이도 이미 자극 욕구 점수와 행동과의 사이에 관련이 있음을 보인다는 보고도 있다. 원숭이나 쥐를 이용한 실험이나 관찰에 의해서도 자극 욕구 경향은 유전적 형질이라는 것을 알 수 있다고 한다.

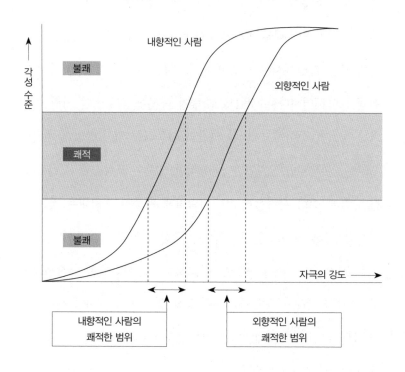

그림 8-5. 내향성·외향성의 성격을 신경 시스템 자극에 대한
흥분 감도의 차이로 설명하는 모델

심리학에서는 스위스의 심리학자 카를 융(1875~1961)의 시대부터 내향형과 외향형이라는 성격 분류가 있다.

영국의 심리학자 한스 위르겐 아이젱크[9]는 내향성·외향성에는

---

9) Hans Jurgen Eysenck(1916~1997), 독일 태생의 영국 임상심리학자로 인격심리학·퍼스
널리티 분석·행동 요법·심리테스트 작성 같은 분야를 연구했다.

신경생리학적 기초가 있고, 외향적인 사람의 신경 시스템은 쉽게 흥분하기 때문에 보다 더 강한 자극이 없으면 쾌적한 각성 레벨에 도달하지 않는다고 주장했다(그림 8-5). 내향적인 사람은 동일하게 강한 자극에서는 신경이 지나치게 흥분해서 불쾌한 각성 레벨에 도달해버린다는 것이다. 그렇기 때문에 외향적인 사람은 변화한 장소를 좋아하고, 많은 사람과 어울리는 것이 즐겁기 때문에 새로운 것에 흥미를 보인다. 내향적인 사람은 조용한 장소에서 한 사람 혹은 친한 사람들하고만 익숙하게 활동하고 지내는 것을 좋아한다. 물론 리스크를 받아들이는 쪽은 외향적인 사람이다.

주커만의 자극 욕구 척도는 이와 같은 연구의 흐름 연장선상에 있다. 자극 욕구 → 리스크 수용 경향이 선천적, 나아가 생물학적인 개인 특성에서 유래한다고 본다면 장면(場面) 일관성이 있기에 당연한 것이 아닐까?

물론 인간은 사회적 제약 안에서 살아가고 있다. 그래서 욕구가 있어도, 그러니까 그것이 강하더라도 욕구를 채우는 행동을 받아들이는 것을 제어하지 않으면 안 되는 경우가 있다. 그리고 대체로 사람은 대부분의 장면에서 그렇게 하는 것이 가능하다. 일본판 자극 욕구 척도를 개발한 후루사와 데루유키도 사회적 규범의식이 자극 욕구에서부터 실제의 행동까지 사이에서 '길잡이 요인'

이라고 언급하고 있다.[16]

　장면마다 규범의식은 개인의 가치관에 영향을 미칠 것이다. 예를 들어 전통적으로 성(性) 도덕을 존중하는 사람은 자극 욕구가 강하더라도 혼외정사는 자제하겠지만, 위험한 스포츠는 좋아할지도 모른다. 개인의 입장에 대한 사회적 요청에서도 규범의식은 영향을 받는다. 나는 교통안전에 대해 연구하고 있기 때문에 교통행동에 관한 규범의식이 높다. 그래서 교통 법규를 위반하지 않겠다는 마음이 강하지만, 그것 이외의 리스크 행동에 대해선 그 정도까지는 아니다.

　규범의식 이외에도 자극 욕구와 리스크를 받아들이는 행동의 가운데에 있는 매개 변수는 틀림없이 다양하다. 하지만 그렇다고 하더라도 여전히 개인의 자극 욕구 경향이 리스크 수용 행동의 개인차를 예측하는 힘은 매우 강하다고 말할 수 있을 것이다.

'사고뭉치'를 쫓아내도
시스템을 안 바꾸면 소용없다

사고를 일으키기 쉬운 사람은 따로 있을까? 그러한 사람을 테스트로 예측할 수 있을까?

분명한 것은 운전자 중에는 '사고 반복자', '사고 다발자'라고 불리는 사람이 있다는 사실이다. 교통사고를 반복해서 일으키는 사람말이다. 그들 중 대부분은 충동적·공격적인 편이고, 인지보다도 동작 우위의 경향이 있으며, 규칙을 가볍게 여기고, 사회성도 부족하다고 한다. 그러나 그들이 일으키는 사고는 교통사고의 극히 일부다. 대부분의 사고는 보통 운전자가 의도하지 않은, 순간의 실수에 의해 발생한다.

산업계에서도 의료 현장에서도 에러를 반복하는 사람, 이른바 반복자(repeater)가 있다고 믿고 있는 안전 관리자가 많다. 하지만 만약 그것이 사실이더라도 실수를 반복하기 전에 테스트로 그들을 예측해서 걸러내는 것은 거의 불가능하다. 물론 직업 적성이 없는 사람이 직장에 취업하고 있는 것은 본인에게도 동료나 환자에게도 행복한 일은 아니다. 그렇기 때문에 정말 반복자라면 본인과 상사 또는 인사담당자가 불러서 차분히 면담할 필요가 있다.

오늘날에 이르기까지 사고자와 무사고자의 차이를 조사하는 수많은 연구가 계속 이루어졌고, 이 둘을 구분하기 위해 많은 테스트가 개발되었다. 하지만 사고 방지에 직접 도움이 되는 성과는 사실상 없다. 분명한 것은 평균보다도 리스크를 잘 받아들이는 경향이 있는 사람, 평균보다도 어떤 종류의 실수를 범하기 쉬운 사람은 있다. 그러나 하나의 리스크 수용 행동이나 하나의 에러가 사고로 이어지기까지에는 다른 다양한 요인이 관여한다. 즉, 우연이나 불운도 영향을 줄 수 있다. 그렇기 때문에 개인차에 집중하는 안전 대책을 중시해서는 안 된다고 나는 생각하고 있다.

다만 개인이 범하기 쉬운 에러나, 위반 경향이나 특징은 파악할 수 있다. 그렇기 때문에 매우 세심한 개인 지도나 교육·훈련의 툴로서 테스트를 이용하는 것은 효과적이라고 생각한다.

'에러나 사고를 일으키는 종업원은 조금도 믿음이 가지 않는, 인간적으로 문제가 있는 나쁜 종업원이다. 그들을 직장에서 추방하면 시스템의 안전성을 확보할 수 있다'라는 사고를 '썩은 사과 이론'이라고 한다.[17] 그러나 사과가 썩는 환경을 그대로 놔둔다는 것은, 썩은 사과를 폐기하더라도 다른 사과가 또 썩어버리는 결과를 낳을 뿐이다(190쪽의 그림 8-6).

에러를 남들보다 50% 많이 범할 가능성이 있는 10%의 사람을 찾아내어 내보내기보다도, 직원 모두의 에러 가능성을 10% 줄이는 편이 시스템 전체의 안전성을 확실하게 높여준다.

　다음 장에서는 시스템의 안전성을 높이기 위한 리스크 매니지먼트와, 개인이 사고를 저지르는 것을 방지하는 데 도움이 되는 리스크 매니지먼트에 대해서 생각해보자.

그림 8-6. '썩은 사과 이론'으로는 안전을 확보할 수 없다

출처: 하가 료스케

제9장
최고의 리스크 관리 방법은
'공존하기'

'매니지먼트'의 진짜 의미를 아는지?

'매니지먼트(management, 경영)'라는 말이 널리 유행하고 있다. '인사 관리'라고 하지 않고 '휴먼 리소스 매니지먼트(human resource management)', '위기 관리'라고 하지 않고 '리스크 매니지먼트(risk management)', '품질 관리'라고 하지 않고 '퀄리티 매니지먼트(quality management)'라고 하는 식이다. 게이오 대학에는 '건강 매니지먼트 연구과'라는 대학원이 있다. 심지어 고교 야구 여자 매니저도 미국 경영학자인 피터 드러커의 《매니지먼트》를 읽고 있

는 것 같다.[10]

후생노동성은 1999년에 '노동 안전 위생 매니지먼트 시스템에 관한 지침(OSHMS 지침)'을 결정했다.[1] 그 이후 일본의 사업자가 행하는 노동 안전 위생 활동은 기본적으로 이 매니지먼트 수법에 준하여 전개되고 있다.

'매니지먼트'란 '관리' 또는 '경영'으로 번역되지만, 'manage'라고 하는 동사는 본래 '어떤 일을 상황에 맞게 잘 융통성 있게 완수하다' 혹은 '(다루기 어려운 사람·물건·일을) 잘 다루다'라는 의미다. '리스크 매니지먼트'라는 것은 리스크의 존재를 인정하고, 필요하다면 어느 정도는 감수하면서, 리스크를 동반하는 활동을 어떻게든 주어진 상황에서 융통성 있게 잘 수행하는 것이다.

열차를 달리게 하면 탈선 리스크가 있고, 비행기를 날게 하면 추락 리스크가 있다. 사고 리스크를 제로기 되게 하려면 열차가 달리지 못하게 하고 비행기가 날지 못하게 하면 된다. 그러나 그것은 철도 사업자, 항공 사업자의 사회적 책무를 다하지 못하게 만드는 것이다. 종업원을 고용해서 사업을 전개하면 노동 재해 리스

---

10) 저자는 일본의 청소년용 소설인 《만약 고교야구 여자 매니저가 피터 드러커를 읽는다면》을 언급하는 것 같다.

크가 발생한다. 사업자는 사고나 재해 리스크를 컨트롤하면서 사업을 'manage' 하지 않으면 안 된다는 것이다.

소 잃고서 외양간 고치지 말고, 소 잃기 전에 외양간을 고치자

지금까지 사고 방지 활동은 '사고는 결코 있어서는 안 되는 것'이라는 생각에서 시작되었다. 리스크의 존재를 인정하려 하지 않고, 실수를 할 가능성이 있는 사람을 가급적 시스템에서 내보냈으며, 무인화와 자동화를 추진하면서 나머지 사람들이 손으로 하는 작업에 대해서는 "무재해 목표, 달성하자! 파이팅!" 하는 기세로 극복하려고 하는 경향이 강하다. 그리고 일단 사고가 일어나버리면 "있어서는 안 되는 사고를 일으키고 말았습니다"라고 머리를 숙이면서 비슷한 사고가 재발하는 것을 방지하기 위한 대책을 강구해왔다.

심지어 사망자가 나와야 비로소 처음으로 안전 대책이 나오기 때문에 '사후(事後) 안전'이라고 불리기도 한다.

그러나 그 이전에 필요한 대책이 마련되어 있었다면 사망자가 나오는 것은 당연히 막을 수 있었을 것이다. 안전 대책에 매니지먼트 사고를 도입하는 가장 중요한 목적은, '사후 안전에서 예방 안전으로의 전환'에 있다고 나는 생각하고 있다.

리스크는 이른바 사람을 습격하는 맹수라고 할 수 있다. 맹수를 가둬놓은 감방의 어딘가가 부서지지는 않았는지 매일 순찰을 게을리하지 않아야 한다. 그리하여 약한 곳이 발견되면 재빨리 수리해야 한다. 열쇠를 관리하는 규정을 정하고 정확하게 지킴으로써 감방 문이 열려 도망가는 일이 없도록 조심해야 한다. 맹수라는 위험원이 감방 밖으로 뛰쳐나와 사람에게 위해를 가하지 않도록 확실하게 매니지먼트할 필요가 있다.

호미로 막을 일에 주의하지 않으면 트랙터로도 못 막게 된다

사후 안전에서 예방 안전으로 전환하기 위해서는 사고가 일어나기 전에 리스크를 파악할 필요가 있다. 리스크를 제로로 하는 것은 불가능하다. 그러니 리스크의 크기를 평가해서 우선순위를 매기고 대책을 세워야 한다.

산업 현장에서 리스크가 어디에 있는지를 가장 잘 아는 사람은

현장 제일선에서 일하고 있는 작업자들이다. 작업 중에 에러나 사고가 일어날 것 같은 분위기를 '히야리 핫토(ヒヤリ·ハット, "아차, 어이쿠!") 체험'이라고 한다. 히야리 핫토 체험 중에는 간발의 차이로 대형 사고로 이어질 뻔했던 일도 포함되어 있다.

　20세기 초에 미국의 손해보험회사에서 근무했던 허버트 윌리엄 하인리히는, 산업 재해에 관한 보험금 청구 데이터에 의거하여 "1명이 일으킨 같은 종류의 재해가 330건 있다면, 그중에 300건은 다친 사람이 없는 재해이고, 29건은 가벼운 부상을 동반하며, 1건은 중대한 부상이 발생한다"는 '1 대 29 대 300의 법칙'을 발표했다. 또한 이 300건의 무상해 재해(예를 들어 넘어지는 정도의 사고)의 그늘에는 무수히 많은 불완전한 행동과 불완전한 상태가 있다고 했다.[2] 이 경험 법칙은 일반적으로 '하인리히 법칙'이라고 불리고 있다(그림 9–1).

그림 9–1. 하인리히 법칙

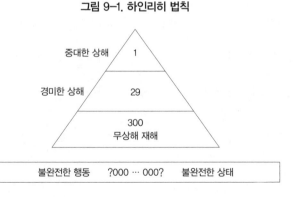

출처: Heinrich, 참고 문헌 49, p. 59

'하인리히 법칙'의 중요성은 비율의 수치에 있는 것이 아니다. 사고의 결과(피해)의 중대성은 확률적인 것이라는 점에 있다. 즉 똑같이 굴러도 아무런 상처 없이 끝나는 경우가 대부분이지만, 일부가 무릎이 까지는 상처를 입거나 극히 드물지만 골절을 당하는 중상을 입는다. 넘어져서 골절을 당하는 산업 재해를 줄이려면 골절 사고에 관심을 가질 것이 아니라, 넘어지는 경우에 주목하여 대책을 수립해야 한다는 주장인 것이다.

'히야리 핫토 체험'은 바로 이 삼각형의 아래에 있는 300건의 무해한 재해나 무수히 많은 불완전한 행동과 불완전한 상태에 해당된다. 즉 사고의 예상 조짐, 리스크가 존재하는 장소를 나타내는 표식으로 생각할 수 있는 것이다. 각 기업이나 의료 기관이 '히야리 핫토 보고'를 중시하는 것은 이 때문이다. 그러나 보고에 따라 실제로 효과적인 대책을 세우지 않으면 의미가 없다.

'히야리 핫토 보고'가 적다고 탄식하고 있는 안전담당자가 있지만, 보고를 받기만 하고 아무것도 하지 않으면 조만간 귀찮아서 아무도 보고하지 않게 되는 것도 당연하다.

"아차!" 하고 외쳤다면 왜 그랬는지 돌아보자

모든 '히야리 핫토 체험'을 위한 대책을 강구하는 것은 아무리 많은 돈을 써도 불가능하다. 모든 '히야리 핫토 체험'이 사고로 이어질 가능성을 가지고 있다고는 단정할 수 없다. 보고된 '히야리 핫토 체험'을 정밀하게 조사해서 잠재적인 사고 리스크를 평가하는 작업이 필요하다.

또한 '히야리 핫토 체험'뿐만 아니라, 안전에 대한 '지금까지 놓치고 있었던 것이나 문제점에 대한 깨달음'을 보고하는 것도 중요하다. 반드시 자신이 "아차!" 하고 외치지 않을 수는 있지만 '이 상태를 그냥 놔두면 위험하지 않을까? 여기를 개선하면 안전해지지 않을까?' 하고 느낀다면 적극적으로 보고해야 한다는 것이다.

'히야리 핫토 보고'나 발견한 정보에 의거해서 그것들이 사고로 이어지는 리스크가 얼마나 큰가를 예상하여 대책의 우선순위를 검토하는 방법이 '리스크 평가(risk assessment)'이다.

여기에는 실은 그렇게 과학적인 방법론이 존재하는 것은 아니다. 매우 조잡한 직감적인 방법이 많다. 대략 그 기준을 얻기 위해 명쾌한 결론을 내놓을 수 없는 것이 현실이다. 일례로 의료 사고 방지를 목적으로 의료 기관이 이용하도록 만들기 위해 내가 시험적으로 만든 리스크 평가 기준을 표 9-1에 소개한다.

표 9-1. 리스크 레벨 평가 기준의 예

가능성	중대성				
	0	1	2	3	4
0	I	I	I	I	I
1	I	I	II	III	III
2	I	II	II	III	IV
3	I	II	III	III	IV
4	I	II	III	IV	IV

I: 허용할 수 있는 리스크(대책 불필요)

II: 작은 리스크(가능하다면 대책을 세우는 것이 좋음)

III: 중간 정도의 리스크(효과적인 대책이 필요)

IV: 중대한 리스크(긴급 또는 철저한 사고 방지 대책이 필요)

리스크 평가의 결과로 '허용할 수 있는 리스크(대책 불필요)'라는 판정이 있을 수 있다는 점이 리스크 매니지먼트 사고방식의 새로운 점이다. 모든 리스크에 대응하기보다 제한된 자원을 효율적으로 배분하여 중대한 리스크부터 먼저 손을 쓴다고 하는 극히 합리적이며 냉철한 발상이다. 이러한 점이 "사고는 절대 있어서는 안

된다"는 전통적인 사고방식과는 가장 큰 차이점이다.

"제로 리스크는 불가능하다"는 전제를 받아들이면서 리스크에 대해 눈을 감지 않고 리스크 정보를 적극적으로 모은 뒤, 우선순위가 높은 대책부터 순차적으로 실시함으로써 사고가 일어나기 전에 대책을 마련하는 것을 중시하는 것이다.

사고가 일어난 후에 "리스크를 알고 있었는데도 대책을 세우지 않았다"며 업무상 과실죄를 물을 수도 있다. 하지만 이렇게 하면 리스크 매니지먼트를 할 수 없게 된다. 리스크를 알았으니 대책을 세우지 않으면 안된다고 한다면, 리스크 관리자나 경영자에게는 리스크를 모르는 것이 득이 된다. 성실하게 리스크와 마주하려고 하는 리스크 관리자를 처벌해서는 안 된다.

물론 "상당한 예산이 필요하다", "회사가 어렵다" 같은 이유로 우선순위가 낮은 리스크를 그냥 놔두면 안 된다. 리스크 평가는 어디까지나 대책의 우선순위를 결정하는 것이다. '허용할 수 있는 리스크'가 아닌 이상 확실하게 계획을 수립하고 착실하게 대책을 실행하지 않으면 안 된다는 것은 말할 것도 없다.

2005년, 일본의 땅과 바다와 하늘이 알려준
안전 관리 방법은?

2005년 일본에서는 육·해·공에 걸친 여러 공공 교통·운수 사업 분야에서 휴먼에러가 원인이었던 사고가 빈발했다. 가장 피해가 컸던 것은 4월에 일어난 JR 서일본 후쿠찌야마선 열차 탈선 전복 사고였다. 그 외에도 버스가 전복되거나, 트럭이 건널목에서 특급 열차와 충돌하고, 페리호가 방파제에 충돌했다. JAL이나 ANA 같은 대형 항공사의 조종사가 공항의 관제 지시를 위반해 자칫 큰 사고로 이어질 뻔하기도 했다.

일본 국토교통성은 2006년에 '운수 안전 매니지먼트 제도'를 창설하고, 횡단적 모드로 관할하는 사업자의 안전 매니지먼트 체제를 체크하는 시스템을 발족시켰다. '모드'란 여기서는 교통·수송 수단을 가리킨다. 지금도 그렇지만 기존에는 철도의 안전 감사는 철도국, 항공은 항공국, 버스·택시·육상 운송은 자동차국, 해운은 해사국(海事局) 등 각각의 전문 부국(部局)이 담당하고 있었다. 그런 방식으로 법령에서 정해진 기준이 지켜지고 있는지 감독하고 있었지만, 새로운 제도에서는 사업자가 안전 매니지먼트의 체제를 정비하고, 또한 '탑 매니지먼트' 기능이 '안전 매니지먼트'와 확실하게 연동되고 있는지를 전문 조사관이 체크하게 되었다(202쪽의 그림 9-2).

국토교통성에 의하면 그 제도는 기업 등에서 이루어지는 품질 관리의 자기 평가 기준인 ISO 9000 시리즈를 참고하고 있으며, (1) 철도·자동차·해운·항공의 운수 사업체의 최고경영자부터 현장까지 하나가 되어 이른바 'PDCA 사이클'의 사고(思考)를 접목한 형태로 안전 관리 체제를 구축하고, 지속적으로 집중 관리한다. (2) 사업자가 구축한 안전 관리 체제를 국가가 평가하는 '운수 안전 매니지먼트'를 실시함으로써 운수 사업자의 안전 관련 분위기 구축, 안전 의식 고취를 도모하고자 하는 것이다.[3]

체제나 구조를 체크한다는 생각은 ISO뿐만 아니라 노동 안전 위생 매니지먼트 평가(OSHMS)나 식품의 안전·위생을 제조 과정에서 관리하는 '위해 요소 중점 관리 기준(HACCP, hazard analysis and critical control point)'과도 같은 발상이다. 다만, 운수 안전 매니지먼트는 인정 단체 대신 정부가 직접 감사한다.

사고를 예방하는 시스템을 각 사업자가 가지고 있고, 그 시스템이 적절하게 운용되고 있는지를 정부가 체크하는 대응 구조는, 기존의 사후 안전적 행정에서 예방 안전으로 크게 방향을 전환한 것으로 평가할 수 있다.

그림 9-2. 운수 안전 매니지먼트 제도

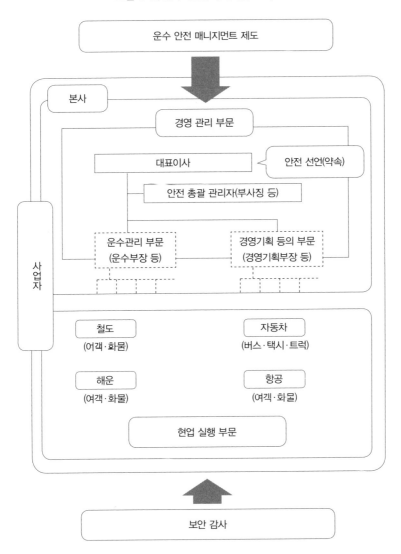

운수 안전 매니지먼트 제도

본사

경영 관리 부문

대표이사 ← 안전 선언(약속)

안전 총괄 관리자(부사징 등)

운수관리 부문
(운수부장 등)

경영기획 등의 부문
(경영기획부장 등)

사업자

철도
(어객·화물)

자동차
(버스·택시·트럭)

해운
(여객·화물)

항공
(여객·화물)

현업 실행 부문

보안 감사

출처: 국토교통성 '운수 안전 매니지먼트란', 참고 문헌 50

교통사고를 막는 데 적절한
운전자 행동 모델이 있다? 없다?

일본에서는 교통사고로 매년 4,000명 이상이 사망하고 있다. 그러나 자동차가 위험하다며 운행을 금지하라고 주장하는 사람은 지나치게 과격한 반(反) 문명주의자일 것이다. 자동차가 사회는 물론 개인에게도 많이 유용하기 때문이다. 자동차가 주는 유용함을 누리기 위해서는 교통사고의 리스크를 거부하지 않고 받아들이지 않으면 안 된다.

그러나 자신이 사고의 피해자가 되는 것도 가해자가 되는 것도 당연히 싫지만, 사회 전체적으로도 사고를 가능하다면 줄이고 싶다는 교통 인식은 있을 것이다. 즉, 리스크를 받아들이고 있지만 어떻게든 리스크를 줄이고 싶다고 생각하고 있다. 다음 내용에서 교통사고의 리스크, 특히 자동차 운전자의 리스크 매니지먼트에 대해 생각해보자.

예를 들어 초보 운전자도 자신의 운전 기술과 환경의 리스크를 감안해 자신에게는 무리라고 생각되면 차선 변경을 하지 않는 것이다. 차라리 차앞이 한산해지기를 느긋하게 기다리거나 처음부터 조심스럽게 운전을 하면 교통사고가 쉽게 일어나지 않는다. 운전 기술보다도 리스크 매니지먼트 능력이 우선인 것이다.

제5장에서 능동적 '리스크 수용자'로서 교통 환경에 대응하는 운전자 행동 모델을 주장했다(그림 9-3).

그림 9-3. 교통 환경에 대응하는 운전자의 행동 모델

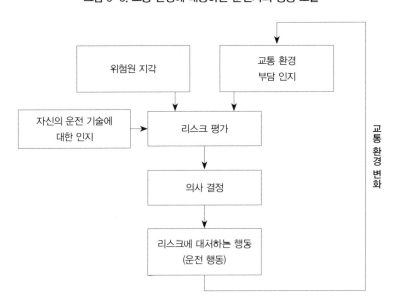

운전자가 마땅히 해야 할 리스크 매니지먼트 중 가장 첫 번째는 리스크의 발생 원인인 위험원을 재빨리 발견(지각)해서 그 리스크의 크기를 바르게 평가하거나, 또는 교통 환경의 부담(교통 혼잡, 도로 폭, 전방 시야, 곡선·경사도, 어린이나 자전거 많음 정도, 신호의 유무 등)에 원인을 둔 리스크를 인지하고 평가하여, 리스크에 대처

하는 행동(그대로 진행한다, 차선을 변경한다, 스피드를 줄인다, 정지한다 등)을 결정하는 것이다. 어떤 대처 행동을 할지 결정하는 데는 교통 환경의 리스크와 자신의 운전 기술 및 차량 성능을 판단 근거로 결정하는 것도 포함된다.

운전 실력이 높지 않다면 결정한 대처 행동을 적절하게 받아들이지 못할 가능성이 있다. 대처 행동에 실패하면 사고로 이어질 수 있기 때문에 역시 운전 기술도 안전 운전에 필요하다. 그러나 자동차라는 것은 운전자 스스로 리스크를 만들어내면서 또는 더하거나 빼면서 달리고 있다는 특수성이 있다. 그렇기 때문에 자신의 운전 능력에 맞게 운전을 하면 자신이 대응하지 못할 대처 행동을 받아들일 수밖에 없는 사태를 미리 예방할 수 있다.

자신이 운전을 잘 한다고 믿는 이여, 대형 사고를 겪으리라

206쪽의 그림 9-4는 리스크 매니지먼트 능력을 세로축으로 하고, 지각·운동 능력으로서의 운전 조정 기능을 가로축으로 조합했다. 그리하여 4가지 유형의 운전자가 사고를 잘 일으키는 유형

인지 아닌지, 만일 사고를 일으켰을 때 그 피해가 큰지 작은지를
추정한 것이다.

그림 9-4. 리스크 매니지먼트 능력과 지각·운동 능력으로서의 운전 기술이
사고의 빈도, 피해의 크고 작음에 미치는 영향

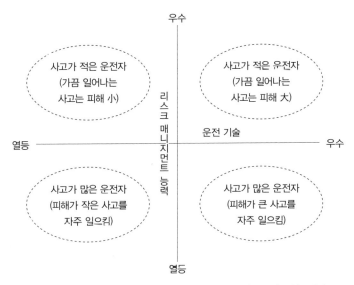

자신의 운전 실력을 과대평가하는 운전자는 피해가 큰 사고를 자주 일으킨다.

왼쪽 상단의 유형은 운전은 서툴지만 그것을 자각하여 그 나름
의 운전을 하고 있기에 사고는 적다. 속도도 별로 내지 않고 신중
하기 때문에 만약 사고가 일어나더라도 작은 피해로 마무리된다.

오른쪽 상단의 유형은 운전 실력도 리스크 매니지먼트 능력도

높은 운전자다. 얼핏 최우수 운전자처럼 보이지만, 피할 수 없는 타이밍에 어린이가 뛰어든다거나 신호를 무시하는 자동차와 사거리에서 마주칠 경우 대형 사고를 겪게 된다. 사고의 제1 당사자가 되는 경우는 드물지만, 만약 사고가 터진다면 크게 날 수도 있다.

오른쪽 하단의 유형은 운전 능력이 뛰어나지만 리스크 매니지먼트 능력이 낮기 때문에 위험한 곳에서 추월하거나, 무리한 차선 변경을 한다거나, 수면 부족 상태에서 운전하여 사고를 빈번하게 일으키는 운전자다.

또한 왼쪽 하단은 운전이 서툴면서 리스크 매니지먼트도 잘 안되기 때문에 사고를 잘 일으키지만, 본인의 운전이 서툴다는 것을 자각하고 있는 한 그리 큰 사고는 일으키지 않는다.

최악의 경우는 운전이 서툰데도 그것을 자각하지 못하고 자신의 능력을 과신하여 리스크 매니지먼트도 착실하게 안 되는 운전자다.

방어 운전이 왜 교통사고 예방에 최선인가?

많은 항공사에서 운항승무원(조종사)에게 '위협 & 에러 매니지먼트(TEM, threat and error management)' 교육·훈련을 실시하고 있다. 'threat'는 '위협'으로 번역되지만, 악천후와 교통 혼잡, 공항 설비의 열악·고장, 관제관의 애매한 지시·불명확함 등 에러를 불러일으키는 요인을 가리킨다. 타인이 범하는 에러도 위협 중 하나다.

'TEM'에서는 일어난 에러를 재빨리 발견해서 적절하고 확실하게 대처하기 전에 위협을 줄이고, 비행 중에 우연히 닥칠 가능성이 있는 위협을 미리 예상하여 그것들을 가능한 한 피하고, 발생했을 때에는 미리 발견해 대응함으로써 에러 발생을 예방하는 스킬을 배운다. 즉, 위협을 관리하는 것이다.

도로 교통에서도 위협 줄이기, 예상, 회피, 발견, 대응이 안전운전을 하는 데 매우 중요하다.

나는 자동차로 출근하던 중 옆에서 끼어든 트럭과 충돌한 적이 있다. 책임의 대부분은 트럭에 있었지만, 나도 방심하고 있었다. 그 도로는 편도 1차선이라 보도나 갓길도 없고, 오른쪽에는 높은 나무 울타리가 있었기 때문에 트럭이 사거리에 접근하고 있는 것이 보이지 않았을 뿐만 아니라, 사거리가 있다는 것조차 나는 몰랐다. 그러니까 나는 완전히 무경계 상태였기 때문에 트럭을 늦게 발견했던 것이다.

이 사고 후 그 도로를 지날 때에는 그 지점 앞에서 속도를 줄이고 오른쪽을 살피면서 통과하게 된 것은 말할 것도 없다. 'TEM'이 되어 있었다면 당연히 피할 수 있었던 사고였다고 반성하고 있다.

예전부터 '방어 운전'이라는 말이 있는데, 이것도 'TEM'의 일종이라고 말할 수 있다.

지난 10여 년간 일본에서 벌어진 대형 교통사고들을 살펴보자

일본의 교통사고 사망자 수는 1970년 전후의 '제1차 교통 전쟁', 1980년대의 '제2차 교통 전쟁'을 극복한 후 계속 줄어들다가 2009년에는 5,000명을 넘었다. 사망자가 가장 많았던 1970년의 3분의 1 이하로 감소했다. 그동안 도로의 길이도, 자동차 보유 대수도, 운전면허 보유자 수도 계속 증가하고 있기 때문에 일본의 교통 정책은 자랑해도 좋을 만큼 훌륭한 성과를 올렸다(210쪽의 그림 9-5).

그러나 비참한 사고는 여전히 빈번히 발생하고 있다.

2006년 8월 25일 밤, 일가족 5명이 탄 승용차가 후쿠오카 시 직원 남성(22세)이 운전하는 승용차와 추돌했다. 추돌된 자동차는 다리 난간을 돌파하여 바다에 추락해서 가라앉았는데, 부모는 탈출했지만 어린아이 3명은 익사하고 말았다. 추돌한 운전자는 피해자를 구조하려는 시도조차 하지않고 도주한 뒤 물을 마시며 음주 운전 사실을 숨기려다 체포되었다. 이 사고는 2001년에 위험 운전 치사상죄(致死傷罪)가 신설되면서 음주 운전에 대한 벌칙이 더욱 강화되던 상황과 더불어, 뺑소니나 음주 검사 거부에 대한 처벌도 엄하게 하도록 도로교통법을 개정하는 계기가 되었다.

그림 9-5. 일본 교통사고 통계, 교통사고 발생 건수 및 사망자 수, 부상자 수의 추이(1948~2010년)

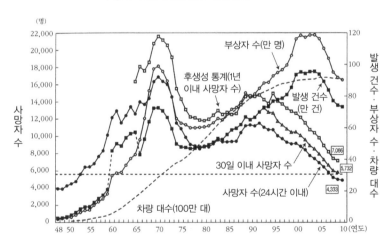

1. 1959년까지는 경미한 피해 사고(8일 미만의 부상, 2만 엔 이하의 물적 손해)는 포함하지 않음.
2. 1965년까지의 건수는 물질적 손해가 있었던 사고를 포함.
3. 1971년 이전에는 오키나와를 포함하지 않음.
4. '후생통계'는 후생노동성 통계 자료인 '인구 동태 통계'에 의한 당해년도에 사망한 사람 중에 원사인이 교통사고인 사망자 수임. 또한 1994년까지는 자동차 사고를 당한 자의 수를, 1995년부터는 교통사고를 당한 자의 수에서 도로상의 교통사고가 아니라고 판단되는 자를 제외한 수를 계산하여 올림.

출처: 일본 경찰청 통계국, 2011년 교통 사망 사고의 특징 및 도로교통법 위반 검거 상황에 대해서,
2012년 1월 26일 공표.

2012년 4월에는 3건의 대형 교통사고가 연이어 발생했다.

이달 12일 오후 1시 넘어서 관광객들로 혼잡한 교토 시 히가시야마 구의 지조도리 야마토 대로 사거리에서 경승용차가 고속으로 달려들어 횡단보도를 걷고 있던 남녀 18명을 차례로 받는 사고가 발생한 것이다. 운전자(30세)는 전신주에 부딪혀서 사망하고, 부딪힌 사람 중에 7명이 사망했으며 11명이 중경상, 달려드는 차를 피하다가 구른 사람 1명도 경상을 입었다. 운전자는 때때로 의식을 잃는 지병이 있었지만 사고와의 관계는 불명확했다.

이달 23일 오전 8시 전에는 교토 부 가메오카 시에서 집단으로 등교하던 아동 9명과 보호자 여성 1명이 서 있던 곳에 무면허 소년(18세)이 운전하는 자동차가 달려들어 보호자 및 아동 2명이 사망, 6명이 중경상을 입었다. 보호자인 여성은 임신하고 있었지만, 그 여성도 태아도 구조되지 못했다. 운전자뿐만 아니라 동승하거

나 자동차를 무면허 소년에게 빌려준 사람, 전날 같은 차로 무면허 운전을 했던 소년들 등 총 6명이 체포되었다.

이달 29일에는 군마 현 후지오카 시의 칸에츠 자동차 전용 도로 상행선에서 가나자와에서 도쿄 방향으로 가던 도시 간 관광버스가 방음벽에 충돌하여 승객 7명이 사망, 승객·승무원 39명이 중경상을 입었다. 운전자의 졸음운전 때문으로 보이지만, 버스 운행 회사는 사업 면허가 없는 운전자에게 명의를 빌려주고 있었던 것으로 판명되어 사장이 체포되었다.

교통사고를 줄이기 위한
'기술적 대책'을 제시한다

나는 이전부터 운전면허증의 IC칩을 인식하지 못하면 엔진이 걸리지 않도록 하고, 면허증을 뽑으면 차가 멈추는 시스템을 제안하고 있다. 자동차에 운전자를 등록하여 등록된 운전자만 운전하게끔 하는 것도 가능하다. 기술적으로는 아무 문제가 없다. 그렇게 되면 무면허 운전을 방지할 수 있고, 도난도 방지된다.

물론 가족이나 친구의 면허증을 빌려서 운전하는 위반자가 나올지도 모르지만, 이 시스템은 상당한 억제력으로 작용할 것이다. 생체인증과 결합하면 면허증을 빌리거나 도용하는 일은 거의 완벽하게 막을 수 있다. 고급차라면 IC칩의 정보에 따라서 드라이빙 포지션(driving position, 운전할 때의 자세)을 자동적으로 변경하는 것도 가능해져 편리할 것이다.

철도에서는 신칸센 등에서 구간이나 신호의 제한 속도를 넘으면 자동적으로 브레이크가 걸려 속도 초과를 할 수 없도록 하는 시스템이 50년 전부터 사용되어 왔다. ATC(automatic train control)가 바로 그것이다. 이는 신칸센의 안전 운행에 막대한 공헌을 해왔다.

자동차 중에도 대형 트럭에는 시속 90km 이상으로 속도를 올릴 수 없도록 속도 제한 장치(speed limiter)가 2003년부터 의무화되었다. 이것을 GPS와 결합하여 달리고 있는 도로의 제한 속도를 넘지 못하게 하는 것이 'ISA(intelligent speed adaptation) 기술'이다. 스웨덴의 룬드 시에서는 2000년 가을부터 1년간 ISA를 장착한 자동차 200여 대를 사용하여 대규모 사회 실험을 했다.[4] 속도 위반에는 결정적인 효과가 있었을 것이다. 에너지는 속도의 제곱에 비례하기 때문에 속도를 제어하는 것은 교통사고 피해를 줄이는 데에도 큰 도움이 된다.

극히 미세한 설정을 하지 않더라도, 하다못해 고속도로나 일반

도로, 시가지, 통학지구 등 4개로 구분하는 것이 가능하다면, 등교하는 아동의 행렬이나 상점가에 시속 80km로 달려드는 것과 같은 무모한 운전을 막을 수 있을 것이다.

GPS를 이용하고 제한 속도와 주행 속도를 비교하면, ISA와 같은 자동화 시스템을 도입할 필요가 없이, 속도 위반을 기록하는 것만으로도 이런 일이 가능해진다. 더불어 주차 위반, 일단정지 위반도 기록할 수 있다. 운전면허증의 IC칩은 데이터 저상 용량이 부족할지는 모르지만, 자동차에 기록 장치를 탑재하는 것을 의무화하여 그 기록을 면허갱신 시에 제출하게 하면 상습적인 위반자를 알아내는 것도 가능하다. 앞에서 제안한 것처럼 면허증을 차에 삽입해 운전하게 하면 같은 차를 여러 운전자가 사용하더라도 누가 위반하고 있는지 바로 확인할 수 있다. 경찰이 속도 위반사를 찾아내는 데 필요한 인원을 크게 줄일 수 있고, 속도 위반으로 적발된 운전자의 "불공평하다!"는 항의도 사라질 것이다.

많은 택시 회사에서는 이미 영상이나 음성을 자동적으로 기록하는 블랙박스를 안전 운행 관리나 운전자 교육에 활용하고 있다. 항공사도 'FOQA(flight operational quality assurance)'라는 시스템을 가지고 있어서 비행 기록 장치(flight data recorder)에 기록된 비행 정보를 분석해 표준에서 벗어난 조작이나 비행이 이루어

졌을 경우 조종사를 불러 상황을 확인하거나 지도를 하고 있다.[5]

이와 같은 것을 일반 운전자에게도 적용하면 유용하게 활용될 수 있을 것이다. "자유로운 운전이 불가능하다", "지나친 관리 강화다" 같은 반발이 나올 수도 있지만, 진정으로 교통사고를 줄이려고 생각한다면 이 정도의 철저한 대책을 강구할 필요가 있다.

음주 운전에 대한 벌칙 강화는 이미 한계에까지 와 있다고 본다. 알코올 감지기에 바람을 불어 술을 마시지 않은 것으로 인식되어야만 엔진 시동이 걸리도록 하는 '알코올 인터락(alcohol interlock)' 장치를 정부와 지자체 등에서 사용하는 공용차, 버스나 택시, 트럭 같은 사업용 차, 그리고 한 번이라도 음주 운전으로 적발된 운전자에게는 의무적으로 적용해야 한다.

'안전에 도움되는 기술'이 좋은 기술

이 책을 읽는 독자는 여기서 내가 기술적 대책을 제안하는 것에 위화감을 느낄 것이다. 앞서 나는 공학적 대책 덕에 리스크가 줄어들면 인간은 리스크를 높이는 방향으로 행동을 변화시키는 '리스크 보상 행동'을 받아들이고, 그리하여 장기적으로는 사고율이 본래의 수준으로 돌아가버린다는 '리스크 항상성 이론'을 소개했기 때문이다.

그러나 리스크 항상성 이론이 주장하는 사고율의 항상성은 시간당 지역 전체의 사고 손실이다. 그럼에도 불구하고 안전에 대한 동기 부여에 따라 리스크의 목표 수준을 낮추는 것이 가능하다면, 그 사고율도 줄일 수가 있다고 주장한다.

예를 들어 도로를 개량해 A시에서 B시까지 가는 데 필요한 시간이 반으로 줄었다고 가정해보자. 시간당 사고율이 변하지 않으면 운전자 K씨가 A시에서 B시로 이동할 때 사고 리스크는 반감된다. 만약 K씨가 여유 시간을 이용해서 보다 먼 C시까지 운전하면, 동일한 사고 리스크로 2배의 거리를 이동할 수 있게 된다. 즉, 생산성은 2배가 된다. 또는 교통편이 좋아졌기 때문에 A시에서 B시까지의 교통량이 2배가 되면 지역의 사고율은 변하지 않지만, 자동차 1대당 사고율은 반으로 줄어든다.

도로가 개선되었을 때 속도를 어느 정도 올릴지는 개인 운전자의 선택에 달려 있다. 현재 받아들이고 있는 리스크에 만족하는 사람은, 외부 환경의 리스크가 낮아지면 행동 리스크를 늘려 이익을 얻기 어려워질 것이다. 그러나 현재의 리스크가 지나치게 높다고 느끼는 사람은 환경 리스크가 낮아져도 행동을 바꾸는 대신 안전을 택할 것이다. 그러니까 이익을 목표로 하는 사람도, 안전을 목표로 하는 사람도 안전 기술의 도입은 당연히 환영할 일이다. 하지만 안전을 지향하는 사람만이 안전 기술이 본래 목표로 하는 '안전성이 높아지는 효과'를 누릴 수 있다.

'이익을 목표로 하는 것'과 '안전을 목표로 하는 것'으로 단순하게 둘로 나누었지만, 현실의 인간은 대개 그 중간에 있다.

현재 철도 종합 기술 연구소에 근무하는 마스다 다카유키는 대학원에 다닐 때 신호가 없는 사거리를 통과하는 과제를 컴퓨터로 시뮬레이션했다. 실험 참가자는 사거리 바로 앞에서 조이스틱을 좌우로 쓰러뜨리면 교차하는 도로에 접근하는 자동차를 볼 수 없다. 조이스틱으로 좌우를 확인하고 자동차가 중간에 끊기는 타이밍에서 버튼을 누르면 자신의 차가 사거리를 건너간다. 만약 접근하는 자동차를 놓치게 되면 사고가 일어난다. 제한된 시간에 사거리를 몇 번이나 무사히 건널 수 있는지를 실험한 컴퓨터게임 같은 과제였다.[6]

실험에서는 사거리에 접근하는 자동차를 램프로 알려주는 장치를 사용할 수 있는 조건과 사용할 수 없는 조건('정보 제공이 이루어지지 않는' 조건)으로 설정했다. 또한 정보 제공이 이루어지는 경우는 그 장치가 완벽하게 작동하는 '완벽 정보' 조건과, 가끔 자동차를 놓치는 '누락 정보' 조건, 자동차가 오지 않는데도 램프가 깜빡거리는 '오보(誤報)' 조건 등이다.

주요 실험 결과를 그림 9-6과 9-7, 9-8에 나타냈다. 정보 제공이 이루어지는 3가지 조건에서 자신의 눈으로 좌우를 확인하는 횟수는 줄었다(그림 9-6). 그리고 사거리를 통과하려고 시도하는 횟수가 증가했다(그림 9-7). 우려했던 리스크 보상 행동이 일어났던 것이다.

그림 9-6. 조이스틱을 쓰러뜨리고 사거리의 좌우를 확인한 횟수

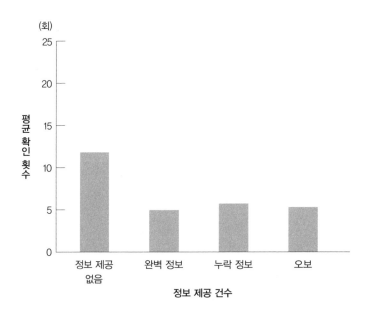

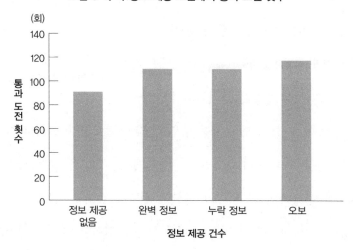

그림 9-7. 각 정보 제공 조건에서 통과 도전 횟수

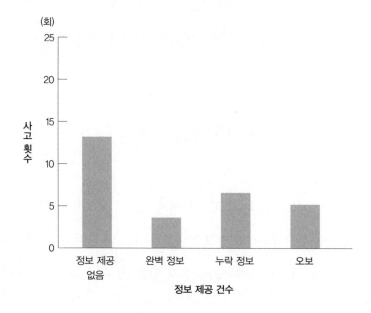

그림 9-8. 각 정보 제공 조건에서 사고율

그러나 그림 9-8에 다시 주목해주기 바란다. 실험 참가자는 정보를 잘 이용하여 안전성 향상(사고 감소)에도, 생산성 향상(통과 증가)에도, 쾌적성 향상(확인 감소)에도 도움이 되고 있다.

리스크 보상 행동을 두려워해서 안전 기술 개발에 제동을 걸 필요는 없다. 리스크 보상 행동이 일어나더라도 그것이 늘거나 줄어드는 연결 고리인 사고가 줄어든다면 좋은 것이다. 일부 사람은 이익을 추구하여 큰 리스크 보상을 선택할 것이고, 일부 사람은 안전을 강하게 원하여 리스크 보상 행동을 억제할 것이다. 안전을 목표로 하는 사람에게 도움이 되는 기술은 좋은 기술임이 틀림없다. 이익을 원하여 리스크를 높이는 사람을 위한 안전에 대한 동기 부여를 높이는 별도의 접근 방법을 찾아보는 것도 좋다.

안전 운전을 유도하기 위한 4개의 당근

리스크의 목표 수준, 즉 받아들여도 좋다고 생각하고 있는 리스크 수준을 끌어내리려면 안전에 대한 동기를 더 많이 부여하는 수밖에 없다. 그것에 대해서는 다음과 같은 네 가지 전략을 제시하겠다.[7]

A: 리스크를 회피하는 행동으로 이익을 늘림

B: 리스크를 회피하는 행동으로 비용을 줄임

C: 리스크를 받아들이는 행동으로 비용을 늘림

D: 리스크를 받아들이는 행동으로 이익을 줄임

'전략 A'와 관련해 무사고 운전자에 대한 자동차 보험금 할인, 운전면허의 유효 기간 연장 등은 이미 이루어지고 있다. 그러나 이것들은 '장롱면허' 운전자에게 일방적으로 유리하니 주행 거리에 따라 사고율·위반율을 평가하는 것도 고려했으면 한다. 근무하는 직장의 안전과 관련된 것이라면 확실한 위험 예측 실시, 안전 보고, 무사고 직장에 대한 인센티브 등을 생각할 수 있다.

'전략 B'는 안전한 자동차나 어린이용 카시트 등 안전 기능에 대한 보조금 지급, 공공 교통의 편리성 향상, 장착하는 보호구의 쾌적성 개선 등을 예로 들 수 있다.

'전략 C'에서는 교통 위반에 대한 벌칙 강화, 담배에 대한 증세가 있다.

'전략 D'에서는, 현실적으로는 조금 어떨지 모르지만, 제럴드 와일드는 택시 요금을 거리에 따라서가 아닌 시간에 따라서 매기면 좋다고 적고 있다. 속도를 내서 목적지에 빨리 도착하기보다 충분한 시간을 들여 도착할 경우 높은 요금을 받을 수 있다면, 운전자는 안전 운전을 할 것이라는 주장이다.

이러한 전략처럼 '비용적 효용성(cost benefit)' 면에서 리스크를 회피하는 것을 제시하는 대책의 중심도 금전적 인센티브다. 안전을 향한 높은 모티베이션(motivation, 자극)이 장기적으로 지속되려면 내부적으로 자발적인, 즉 외부로부터의 인센티브에 현혹되지 않고 자신의 마음속으로부터 안전을 희망하는 데 필요한 동기가 필요하다고 본다.

하는 일에 대한 긍지와 자존심이
안전 의식을 높여준다

에이브러햄 매슬로의 욕구 5단계설에 따르면 '안전과 안정의 욕구'의 다음 단계는 극히 원시적인 동시에 근원적인 욕구다. 그러나 제4장에서 본 것처럼 우리 인간은 리스크를 원하는 경향이 강하다. 기대되는 이익과 저울질하여 합리적으로 선택하는 리스크도 있지만, 생리적 쾌감 때문에 받아들이는 리스크도 있다. 리스크를 감수하는 것 자체는 반드시 나쁜 것은 아니지만, 자신이나 타인의 목숨과 관련한 사고 리스크는 가능하면 피하고 싶다. 그러기 위해서는 안전을 위해 정해진 규칙을 지키고 신중하게 행동하는 것이 가장 첫 번째로 요구된다.

이와 같은 동기는 어디에서 나오는 것일까? 나는 목숨을 귀하게 생각하는 마음가짐, 일을 중요하게 생각하는 마음가짐, 동료에 대한 배려, 상사나 경영자에 대한 신뢰, 가족이나 친한 사람에 대한 애정 등이 안전에 대한 동기 부여를 일으키며 리스크의 목표 수준을 끌어내리고 있다고 생각한다.

최근 몇 년간 내 연구실에서는 몇 개의 기업과 협력하여, 일에 대한 긍지(직업적 자존심)가 안전 행동과 어떤 관계가 있는지 조사하는 연구를 진행하고 있다. 중간보고의 단계이지만, 최근의 조사에서 얻은 데이터를 224쪽의 그림 9-9에 나타냈다.[8]

그림 속의 타원은 심리적 변수(개개인의 행동이나 마음가짐의 기본이 되는 속성), 화살표는 인과 관계의 방향, 화살표 위의 숫자는 영향의 강도, 점선 화살표는 역(逆)영향(화살표의 시작이 높으면 화살표 끝은 낮게 된다)을 나타낸다. 직업적 자존심은 '나는 내 직업에 대한 긍지를 가지고 있다', '내 직업은 적어도 다른 직업들만큼 가치 있는 직업이다', '내 직업은 사회 발전에 기여하고 있다' 등 12항목에 대한 5단계의 평정(評定)치를 합계한 것이다.

그림 9-9. 직업적 자존심과 안전 행동 의도의 관계

그림 9-9. 직업적 자존심과 안전 행동 의도의 관계

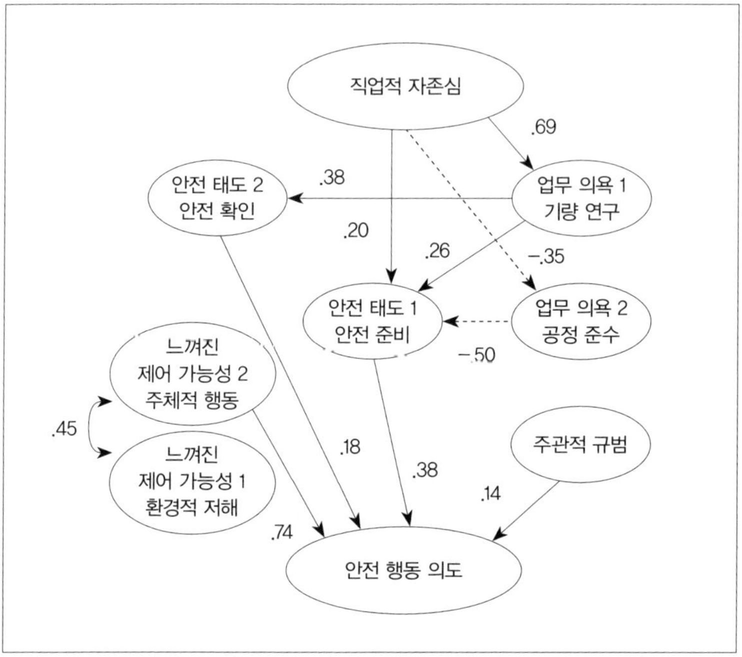

출처: 오야·하가, 참고 문헌 54에서 일부 수정

안전 행동 의도는 '일하면서 판단하기가 망설여진다면 반드시 안전한 방법을 선택한다', '안전을 확보하기 위한 고민을 게을리하지 않는다', '안전 규칙이나 작업 순서 등은 반드시 지키고 있다' 등 9개 항목으로 측정했다. 다른 심리적 변수도 여러 질문에 대한 회답을 개인별로 맞춘 수치를 바탕으로 계측하고 있다.

직업적 자존심은 직무 의욕 중 '기량 연구', 즉 일의 능력을 끌어울려서 전문가가 되겠다는 마음가짐과 안전 태도 중 '안전 준비', 즉 안전을 위해 자발적으로 솔선하여 규칙을 지키는 몸과 마음가짐을 정리하는 태도를 기른다. '기량 연구'는 안전 태도 중 '안전 준비'와 또 하나의 요소인 '안전 확신(사고 낙관론)', 그리고 안전 규칙을 지키고 모두 협력하면 사고를 막을 수 있다고 하는 태도를 높이는 활동도 한다. '지각된 제어 가능성'이란 하고자 하는 마음만 먹으면 안전한 행동을 받아들일 수 있다는 인식이고, '주관적 규범'이란 안전 행동을 받아들이는 것이 회사나 직장의 사람들로부터 좋은 평가를 받는다는 인식이다. 이러한 것들이 모든 '안전 행동 의도'를 높이는 방향으로 영향을 미친다.

한편 사소한 규칙을 어기게 되더라도 공정을 지키는 것이 더 중요하다든가, 결과에 문제가 없으면 과정을 묻지 않는 것과 같이 '공정 엄수형'의 업무 의욕은 직업적 자존심과 반대되거나 어긋나는 관계에 있다. 그래서 자존심이 높으면 공정 엄수형이 되지 않고, 자존심이 낮은 사람이 공정 엄수형이 되기 쉽다. 그리고 공정 엄수는 '안전 준비'를 끌어내린다.

이상의 결과로부터 직업적 자존심은 일의 기량을 높이고 싶다는 유형의 업무 의욕과 안전 태도를 지지하여 규칙을 어기면서까지 공정을 지키려고 하는 위험한 행동을 억제하고, 다양한 심리적 요소를 사이에 두고서 안전 행동 의도에 긍정적 영향을 주고 있음이 명확해졌다.

리스크에 너무 관대하면 꿈도 희망도 없어진다

직장에서의 안전 행동은 직업적 자존심, 즉 일에 대한 긍지에 의해 유지되고 있다. 그렇듯이 교통 행동을 포함한 일상의 행동은 자존심, 즉 자기 자신에 대한 긍지로 유지된다.

미래에 대해 높은 가치나 밝은 희망을 가지고 있는 사람들이, 미래보다도 현재에서 가치를 찾아내는 사람들보다도 안전하고 건강한 생활 습관을 몸으로 익히고 있다는 조사 데이터가 여럿 존재한다.[9]

제럴드 와일드가 600명 이상의 대학생을 대상으로 한 조사 연구에 의하면 안전 운전, 안전벨트 착용, 적절한 음주, 건강한 식사, 금연, 정기적인 운동 등 안전과 건강에 좋은 행동의 실천 정도와 가장 관련이 강한 것은 '장래의 계획'이다.

장래 희망이 없이 지금 이 시점의 가치를 높이 보는 사람은 리스크를 적극적으로 받아들이며, 위반을 싫어하지 않고, 원하는 것을 바로 손에 넣으려고 할 것이다. 현재보다도 미래의 가치를 더 높게 여긴다면 리스크를 가능한 한 회피하고 장래를 위해 참는 것이 가능할 것이다.

자랑스럽게 살아갈 것, 장래에 대한 희망을 가질 것, 이 두 가지가 안전에 대한 동기 부여의 열쇠라면, 누구나 자랑스럽게 살아가는 사회가 될 것이다. 누구나 장래에 대한 밝은 희망을 가지고 사회를 창조하는 것이야말로 안전한 사회를 만드는 길이 아닐까?

맺음말

'리스크 항상성 이론'에 대해서 제럴드 와일드 자신이 총정리 형태로 쓴 책을 내가 번역·출판한 것은 2007년이었다.[1] 그 당시 자동차 안전 공학의 대가(大家)가 있는 모임에서 이런 발언이 나왔다고 그 모임에 출석한 지인에게서 들었다.

"'안전 기술 개발이 쓸데없다'고 주장하는 말도 안 되는 책이 출판된 것은 극히 유감이다. 이와 같은 설(說)이 세상에 만연하기 전에 말살하지 않으면 안 된다."

리스크 항상성 이론만큼 많은 오해를 받고 있는 심리학설은 별로 없다. "공학적 대책만으로는 사고율을 떨어뜨리는 것이 불가능하다"라는 와일드의 주장은 안전 기술을 연구 개발하며 고군분투

하고 있는 기술자의 노력에 찬물을 끼얹는 것과 같다는 생각이 들 수도 있을 것이다. 나는 말살되기 전에 빨리 내 생각을 내 말로 정리하지 않으면 안 된다며 초조해했다. 하지만 태만한 성격 때문에 미적거리다 드디어 이 책을 출간하게 되었다.

와일드의 주장에서 가장 중요한 점은, 공학적 안전 대책은 인간의 행동에 변화를 초래한다는 것이다. 기능 훈련도 마찬가지다. 그렇기 때문에 안전에 대한 동기가 불충분한 사람에게 그것을 주면 안전성이 향상되는 대신 효율성이나 쾌적성을 높이는 데 전용되어버리는 것이다. 사람의 행동이 리스크를 높이는 방향으로 변해버리면, 안전 대책이 본래 의도된 효과를 발휘하기가 불가능하다.

보잘것없는 내 번역서를 읽은 젊은 자동차 공학자 중에 이 문제의 중요성을 깨달으신 분들이 있다. 그래서 자동차 안전 대책이 운전자의 행동을 변화시킬 가능성에 대한 연구를 시작하거나, 안전에 대해 운전자에게 동기를 많이 부여해줄 안전 기술을 개발하는 데 몰두하거나, 운전 지원 시스템이 지향해야 할 자세를 주장하기도 했다. 쓰쿠바 대학의 이토 마코토 교수, 교토 대학의 히라오카 도시히로 교수, 일본 대학 마루모 요시타카 교수 등이 바로 그분들이다.[2, 3, 4] 자동차 메이커의 기술자도 자주 내 연구실에 와서 안전 기술 개발의 방향성에 대해 의견을 구했다.

이 책을 쓰면서 자동차 교통 문제로 대상을 좁혔더라면 논지를 알기 쉽게 정리할 수 있었을지도 모른다. 그러나 안전 대책에 의해 리스크가 줄어들었다고 인식하면 인간의 행동이 리스크를 높이는 방향으로 변화할 가능성이 있는 것은 자동차 운전에 한정되지 않는다. 방파제·방조제와 피난 행동, 저타르 담배와 흡연, 등산로의 정비나 발신기의 보급과 산악 조난 등 다양한 영역으로 생각을 넓혀야 한다는 문제를 제기한다.

이러한 문제에 대해서 언급하거나, 리스크에 관한 심리학적 접근으로부터 중요한 연구 성과가 축적되고 있는 리스크 인지나 리스크 커뮤니케이션에 관한 지식과 견해도 소개하고 싶었다. 사람이 굳이 리스크를 감수하는 이유는 경제적 손해와 이득 때문만이 아니라, 진화심리학적 적응이나 신경생리학적 작용도 관련되어 있다는 것도 언급했다. 그렇기 때문에 너무 넓은 이야기를 다루어 산만했을지도 모른다고 반성하고 있다.

이 책을 집필하느라 바빠서 함께 보낼 시간이 적어져버린 아내와 애견에게 사죄를 하면서 맺고자 한다.

2012년 8월 13일
하가 시게루

참고 문헌

제1장 "안심해! 안심해!"라는 말의 함정

1) Gerald J. S. Wilde, 「交通事故はなぜなくならないか」, 芳賀繁譯, 新曜社, p. 237, 2007.

2) 岩森茂, 「日本で肝がん死急増」, 広島県醫師会 homepage, http://www. hiroshima.med.or.jp/kenmin/kinen/000189.html 및 Yamaguchi, N., et al., Quantitative relationship between cumulative cigarette consumption and lung cancer mortality in Japan, International Journal of Epidemiology, 29, pp. 963-968, 2000.

3) 「「低タールタバコ」ならいいの?」, 日経BPネット, 2006年 1月 23日, http://www. nikkeibp.go.jp/archives/420/420229.html.

4) 厚生労働省「平成11~12年度たばこ煙の成分分析について(概要)」, http://www. mhlw.go.jp/topics/tobacco/houkoku/seibun.html.

5) 内閣府(防災担当) 総務省消防庁「チリ中部沿岸を震源とする地震による津波避難に関する緊急住民アンケート調査　調査結果」, 平成 22年 4月, http://www. bousai.go.jp/oshirase/h22/tsunami.pdf.

6) 朝日新聞ニュース, 2010年 3月 9日, http://ww.asahi.com/special/chile/

TKY201003080453.html.

7) Lave, T. R. & Lave, L. B., Public perception of the risks of floods: Implications for communication, *Risk Analysis*, 11, pp. 255-267, 1991.

제2장 훈련을 받은 사람들이 사고를 저지르는 이유

1) Gerald J. S. Wilde, 前掲書, pp. 223-224.

2) Potvin, L., Champagne, F., & Laberge-Nadeau, C., Mandatory driver training and road safety: The Quebec experience, *American Journal of Public Health*, 78, pp. 1206-1209, 1988.

3) Gerald J. S. Wilde, 前掲書, p. 107.

4) Lund, A. K., Williams, A.F. & Zador, P., High school driver education: Further evaluation of the DeKalb County study, *Accident Analysis and Prevention*, 18, pp. 349-357, 1986.

5) Gerald J. S. Wilde, 前掲書, p. 110.

6) 小川和久, スキルの階層構造と情動, 国際交通安全学会誌, 30, pp. 82-87, 2005年.

제3장 사고의 원인은 시스템과 장치보다 사람

1) 芳賀繁, 安全技術では事故を減らせない：リスク補償行動とホメオスタシス理論, 電子情報通信学会技術研究報告, Vol. 109, No. 151, pp. 9-11, 2009年.

2) 増田貴之・芳賀繁, 自動車運転支援システム導入に伴う負の適応, 自動車技術, Vol. 62, No. 12, pp. 16-21, 2008年.

3) Gerald J. S. Wilde, The theory of risk homeostasis: Implications for safety and health, *Risk Analysis*, 2, pp. 209-225, 1982.

4) Gerald J. S. Wilde, 前掲書, p. 42.

5) Gerald J. S. Wilde, 前掲書, pp. 133-136.

6) Gerald J. S. Wilde, 前掲書, pp. 136-138.

제4장 '스릴'과 '리스크'는 종이 한 장 차이

1) 菅原努『「安全」のためのリスク学入門』昭和堂, pp. 15-17, 2005年.

2) 芳賀繁『失敗のメカニズム』日本出版サービス, pp. 141-144, 2000年.

3) Gerald J. S. Wilde, 前揭書, pp. 45-47.

제5장 안전 의식 갖추기와 시스템 개선하기

1) 芳賀繁, 前揭書, p. 137.

2) 蓮花一己(編)『交通行動の社会心理学』北大路書房, p. 9, 2000年.

3) G. Salvendi(ed.), *Handbook of Human Factors*, Wiley-Interscience, p. 220, 1987.

제6장 대참사의 원인은 리스크에 대한 착각과 오해

1) Hydén, C., ISA: A shift of paradigm in speed management, 日本交通心理学会 第65回大会論集, pp. 33-42, 2002年.

2) 広瀬忠弘「人はなぜ逃げおくれるのか 災害の心理学」集英社新書, pp. 12-13, 2004年.

3) 山村武彦『人は皆「自分だけは死なない」と思っている防災オンチの日本人』宝島社, pp. 36-39, 2005年.

4) 東京大学新聞研究所「災害と情報」研究班, 誤報『警戒宣言』と平塚市民, 東京大学新聞研究所, pp. 5-10, 1982年.

5) 東京大学新聞研究所「災害と情報」研究班, 前揭書, pp. 23-102.

6) 広瀬, 前揭書, pp. 129-130.

7) 広瀬, 前揭書, pp. 140-145.

8) 広瀬, 前揭書, p. 149.

9) Lichtenstein, S., et al., Judged frequency of lethal events, *Journal of Experimental Psychology: Human Learning and Memory*, 4, pp. 551-578, 1978.

10) Slovic, P., "Perception of risk", *Science*, 236, pp. 280-285, 1987.

11) Kahneman, D. & Tversky, A., Prospect theory: An analysis of decision under risk, *Econometrica*, 47, pp. 263-291, 1979.

12) Wallach, M. A., Kogan, N. & Bem, D. J., Group influence on individual risk taking, *Journal of Abnormal and Social Psychology*, 65, pp. 75-86, 1962.

제7장 리스크에 대해 한 마디씩 해보기

1) Slovic, P., Fischhoff, B. & Lichtenstein, S., Rating risks, *Environment*, 21, pp. 14−20, 36−39, 1979.

2) 世界保健機構, Variant Creutzfeldt−Jakob disease, http//www.who.int/ mediacentre/factsheets/fs180/en/, 2012年2月更新.

3) 厚生労働省, 自然毒のリスクプロファイル：魚類：フグ毒, http://www.mhlw. go.jp/topics/syokuchu/poison/animal_det_01.html.

4) 木下冨雄・吉川肇子, リスク・コミュニケーションの効果(1), 日本社会心理学会 第30回大会発表論文集, 109−110, 1989年, 吉川肇子・木下冨雄, リスク・コミュニケーションの効果(2), 日本社会心理学会 第30回大会発表論文集, pp. 111−112, 1989年.

5) 吉川肇子,『リスク・コミュニケーション』福村出版, pp. 133−134, 1999年.

6) 中谷内一也『リスクのモノサシ 安全・安心生活はありうるか』NHKブックス, pp. 98−148, 2006年.

7) 中谷内一也『ゼロリスク評価の心理学』ナカニシヤ出版, pp. 64−76, 2004年.

8) 福岡伸一『もう牛肉を食べても安心か』文春新書, pp. 229−232, 2004年.

9) 中谷内一也(編)『リスクの社会心理学』有斐閣, pp. 247−253, 2012年.

제8장 스릴과 위험을 받아들이는 것에 대한 사람들의 인식 차이

1) Friedman, M. & Rosenman, R. H., Association of specific overt behavior pattern with blood and cardiovascular findings, *Journal of American Medical Association*, 169, pp. 1286−1296, 1959.

2) Streufert, S., Individual difference in risk taking, *Journal of Applied Social Psychology*, 16, pp. 482−497, 1986.

3) Zuckerman, M., Kolin, I., Price, L., & Zoob, I., Development of a sensation seeking scale, *Journal of Consulting Psychology*, 28, pp. 477−482, 1964.

4) Jonah, B. A., Accident risk and risk−taking behavior among young drivers, *Accident Analysis and Prevention*, 18, pp. 225−271, 1986.

5) Burns, P. C. & Wilde, G. J. S., Risk taking in male taxi drivers: Relationships among personality, observational data and drivers

records, *Personality and Individual Differences*, 18, pp. 267-278, 1995.

6) Trimpop, R. M., *The Psychology of Risk Taking Behavior*, North-Holland, pp. pp. 89-100, 1994.

7) 古澤照幸(フルサワ テルユキ)『刺激欲求特性が社会行動に及ぼす影響』同友館, pp. 22-24, 2010年.

8) 楠見孝, 不確定事象の認知と決定における個人差, 心理学評論, 37 [3], pp. 337-356, 1995年.

9) 芳賀繁ほか, 質問紙調査によるリスクテイキング行動の個人差と要因の分析, 鉄道総研報告, 8巻12号, pp. 19-24, 1994年.

10) 吉田信彌『事故と心理 なぜ事故に好かれてしまうのか』中公新書, 2006年, pp. 79-101.

11) 吉田信彌, シートベルト着用行動：自己報告と行動との対応, 応用心理学研究, 27巻1号, pp. 17-23, 2001年.

12) 井上貴文ほか, 駅階段での駆け込み行動における個人差要因と環境要因, 日本心理学会 第59回大会発表論文集, p. 319, 1995年.

13) Lejuez, C. W., et al., Evaluation of a behavioral measure of risk taking: The Balloon Analogue Risk Task(BART), *Journal of Experiment Psychology: Applied*, Vol. 8, No. 2, pp. 75-84, 2002.

14) 森泉慎吾・臼井伸之介, リスクテイキング行動尺度の信頼性・妥当性の再検討, 労働科学, 87巻, pp. 211-225, 2011年.

15) Zuckerman, M., *Behavioral Expressions and Biosocial Bases of Sensation Seeking*, University of Cambridge Press, 1994.

16) 古澤, 前掲書, pp. 198-202.

17) シドニー・デッカー(著) 小松原明哲・十亀洋(監訳)『ヒューマンエラーを理解する 実務者のためのフィールドガイド』海文堂, pp. 13-30, 2010年.

제9장 리스크를 다루는 가장 좋은 방법은 '공존하기'

1) 中央労働災害防止協会, 労働安全衛生マネジメントシステムに関する指針, http://www.jaish.go.jp/anzen/hor/hombun/hor1-2-58-1-0.htm.

2) ハーバード・W. ハインリッヒ『産業災害防止論』総合安全工学研究所訳, 海文

堂, pp. 59-64, 1982年.

3) 国土交通省, 運輸安全マネジメントとは, http://www.mlit.go.jp/unyuanzen/outline.html.

4) 谷口俊治, 交通事故という現実に立ち向かう心理学: ISAによる凶器的速度行動の制御, 現代のエスプリ 449号, pp. 49-61, 2004年.

5) 時任勝正, 運航における安全への取組み, ATEC SMSワークショップ, 2008年, http://www.atec.or.jp/SMS_WS_ANA.pdf.

6) Masuda, T., Haga, S., Azusa Aoyama, A. and Takahashi, H., The influence of false and missing alarms of safety system on drivers' risk-taking behavior, *Proceedings of the 14th International Conference on Human-Computer Interaction*, pp. 167-175, 2011.

7) Gerald J. S. Wilde, 前掲書, p.228.

8) 大谷華・芳賀繁, 安全行動における職業的自尊心の役割, (2)計画行動理論を用いた職業的自尊心 安全行動意思モデル, 産業・組織心理学会 第28回大会発表文集, pp. 248-251, 2012年.

9) Gerald J. S. Wilde, 前掲書, p. 280.

맺음말

1) Gerald J. S. Wilde, 前掲書.

2) 平岡敏洋・増井惇也・西川聖明, 夜間時視覚支援システムに対するリスク補償行動の分析, 計測自動制御学会論文集, Vol. 46, No. 11, pp. 692-699, 2010年.

3) 伊藤誠, 技術へのユーザの過信を技術で制御できるか? 信学技報, Vol. 111 (221), pp. 13-16, 電子情報通信学会, 2011年.

4) 丸茂喜高, 自動車の運転支援システムが目指すべき姿について, 電子情報通信学会技術研究報告, Vol. 109, No. 151, pp. 17-20, 2009年.

안전 한국 1

안전 의식 혁명

2014년 12월 10일 1판 1쇄 박음
2017년　5월 10일 1판 2쇄 펴냄

지은이 하가 시게루
옮긴이 조병탁, 이면헌
펴낸이 김철종
인쇄제작 정민문화사

책임편집 장웅진
마케팅 오영일

펴낸곳 인재NO (주)한언
출판등록 1983년 9월 30일 제1 - 128호
주소 서울시 종로구 삼일대로 453(경운동) KAFFE빌딩 2층 (우 03146)
전화번호 02)701 - 6911 **팩스번호** 02)701 - 4449
전자우편 haneon@haneon.com **홈페이지** www.haneon.com

ISBN 978 - 89 - 5596 - 792 - 0 04500
　　　978 - 89 - 5596 - 706 - 7 04500(세트)

'인재NO'는 인재ㅆㅆ 없는 세상을 만들려는 (주)한언의 임프린트입니다.

Our Mission – 우리는 새로운 지식을 창출, 전파하여 전 인류가 이를 공유케 함으로써 인류 문화의 발전과 행복에 이바지한다.

– 우리는 끊임없이 학습하는 조직으로서 자신과 조직의 발전을 위해 쉼 없이 노력하며, 궁극적으로는 세계적 콘텐츠 그룹을 지향한다.

– 우리는 정신적, 물질적으로 최고 수준의 복지를 실현하기 위해 노력하며, 명실공히 초일류 사원들의 집합체로서 부끄럼 없이 행동한다.

Our Vision 한언은 콘텐츠 기업의 선도적 성공 모델이 된다.

저희 한언인들은 위와 같은 사명을 항상 가슴속에 간직하고
좋은 책을 만들기 위해 최선을 다하고 있습니다.
독자 여러분의 아낌없는 충고와 격려를 부탁 드립니다.
· 한언 가족 ·

HanEon's Mission statement

Our Mission – We create and broadcast new knowledge for the advancement and happiness of the whole human race.

– We do our best to improve ourselves and the organization, with the ultimate goal of striving to be the best content group in the world.

– We try to realize the highest quality of welfare system in both mental and physical ways and we behave in a manner that reflects our mission as proud members of HanEon Community.

Our Vision HanEon will be the leading Success Model of the content group.